U0026032

出發吧！

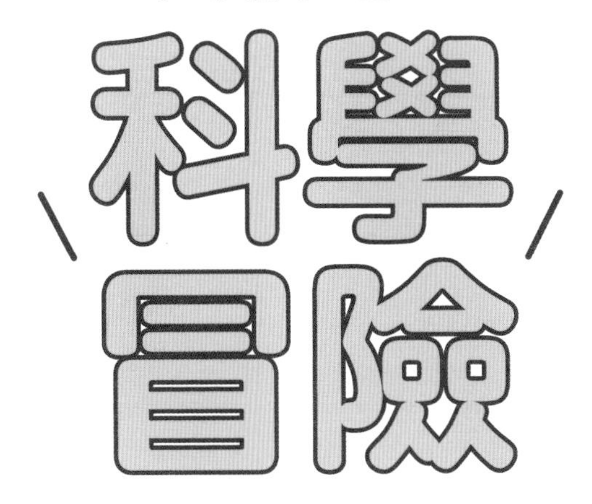

從工業革命到發明電話的近代科學史

2

說明

- 本書內容是以小學、中學的課本為挑選基準，除了課本之外，也挑選一般孩子必定要知道的重要知識，內容豐富充實，以期扮演第二教材的角色。
- 監修者為韓國現任國中科學教師（韓國科學教師會會長），內容均經其仔細確認。
- 排除單純以詼諧逗趣為主的漫畫元素，著眼於教養與學習，努力傳達正確資訊。
- 將世界的發現、發明歷史分成100個主題，讓人一目了然，並以輕鬆有趣的方式理解。
- 以年分與相關主題來設定內容，協助讀者掌握科學史的整體脈絡，並透過名場面的重現，讓人一眼就可看出改變科學史的世紀科學家。
- 在韓國，本系列包括《100堂韓國史》、《100堂世界史》、《100堂戰爭史》、《100堂科學史》、《100堂西洋哲學史》、《100堂希臘神話》、《100堂世界探險史》、《100堂美術史》、《100堂世界經濟史》等，有助於提升孩子的人文教養與學習。

出發吧！

科學冒險

從工業革命到發明電話的近代科學史

2

金泰寬、林亨旭・著
文平潤・繪　鄭聖憲・監修

「Headplay」創作小組眼中的《出發吧！科學冒險》

學生們透過課本學習各式各樣的科學知識，同時課本又細分成物理、化學、地球科學和生物等，讓學生們可以集中學習每一個科目的內容。

不過光是透過課本學習，一旦時間久了，就不會覺得在學校學習的科學與我們的生活息息相關，也有很多人認為科學是非常困難的領域。

現在在韓國國內搭火車，從首爾到釜山只要3個小時，我們還可以搭飛機到其他國家旅行、經由電視看到宇宙發生的現象，而且透過網路就可以掌握全世界的資訊，和世界各地的人分享意見。

直到100年前都無法想像的這一切，究竟是如何開始的呢？還有，改變人們生活的無數科學知識，又是怎麼被發現的呢？我們懷抱著這樣的疑問，希望按照時間順序將課本的科學知識傳達給孩子們，於是企劃了這個系列。

這個系列把分散於課本的科學知識依照時間順序分成100個主題、共3冊。各位在閱讀的時候，可以看到微不足道的發現改變了我們的生活，而被改變的生活又持續為歷史揭開新的一頁。

讀完這個系列之後，便能輕鬆掌握原始時代至今的重要科學流變。藉此，我們也能進一步理解，現今我們所享受到的科學發展帶來的好處，又是怎麼發生的。

金泰寬（撰文者．Headplay代表）

一如往常，我帶著畫給自己孩子看的心情創作作品。希望這能成為一本讓孩子們快樂閱讀、收穫滿滿的有益書籍。但願兩個兒子往後可以健康長大，我也會努力創作有益的漫畫。｜**繪圖 文平潤**

小朋友們覺得科學怎麼樣呢？應該不會因為覺得「科學好難！」而避之唯恐不及吧？科學其實並不難，它是人類懷抱好奇心去探索世界的過程中所產生的學問，而把努力追求富足生活的知識集結起來的學問，就叫做科學。這個系列拋出了這個基礎問題，並用合理的方式解答疑問，只要讀了這本書，小朋友們也一定會覺得「原來科學這麼有趣啊！」｜**撰文 林亨旭**

挑選顏色時，我總會苦思，怎樣看起來才會更漂亮呢？看到一本書付梓問世，真的好有成就感、好開心。那麼，就請大家帶著愉悅的心情閱讀這本書吧！｜**上色 禹周然**

《出發吧！科學冒險》包含了
歷史、數學、化學、物理！

各位小朋友，大家好！

我是替大家的學長姊，也就是替國中、高中的哥哥姊姊上科學課的科學老師。

我常心想「假如科學課本可以畫成有趣的漫畫，大家學習起來應該會更簡單一點……」結果，沒想到竟然出版了這本除了科學之外，連歷史、數學及國高中的理化都能一次學到的書，身為一名老師實在感到無比的開心。

「我們學的數學公式是誰創造的？」

「從前的人認為地球是什麼形狀？」

「牛頓看著掉到地面的蘋果，發現了什麼？」

只要讀了這本書，便會找到無數這類問題的答案。在書中，各位將會讀到與徹底改變世界的偉大發現和發明有關的生動故事。

最近書店有許多以漫畫方式呈現的兒童學習書籍，其中有故事趣味盎然的書；有比起學習效果，更偏重詼諧逗趣內容的書；也有即使畫成漫畫，讀起來依然很困難的書。但這本書卻連很難用簡單方式教導孩子的內容，都說明得趣味十足。

小時候曾在偉人傳記中讀過的偉大科學家、創造學校會學到的各種公式的科學家、偶然在生活中發明物品等有趣的故事，都可以在這本書中讀到。它肯定會成為幫助孩子們奠定學習基礎的寶貴資料。

要去上學、去補習，還要做功課，孩子們肩上的壓力真的好沉重。所以，我帶著盼望能為孩子們減輕一點負擔的心情，推薦這本有趣的書給大家。正如同偉大的科學家們總是渴求新事物、努力改變世界，但願各位小朋友也能茁壯成長，成為可以留心傾聽、觀察細微事物的人。

韓國科學教師會會長 鄭聖憲

目
錄

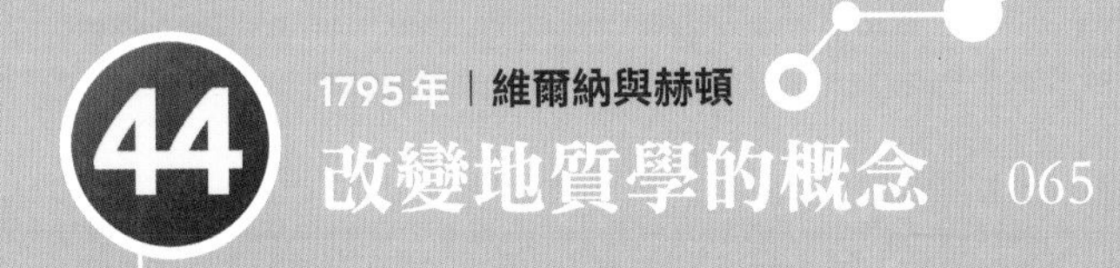

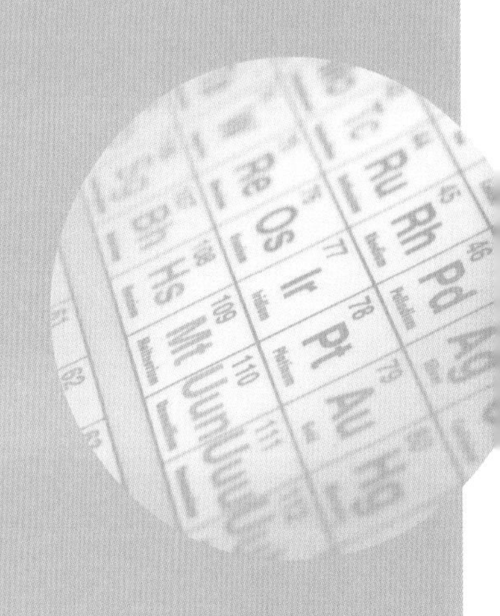

Re
Os
Ir
Pt
Au
Hg
Ru
Rh
Pd
Ag
Bh
Hs
Mt

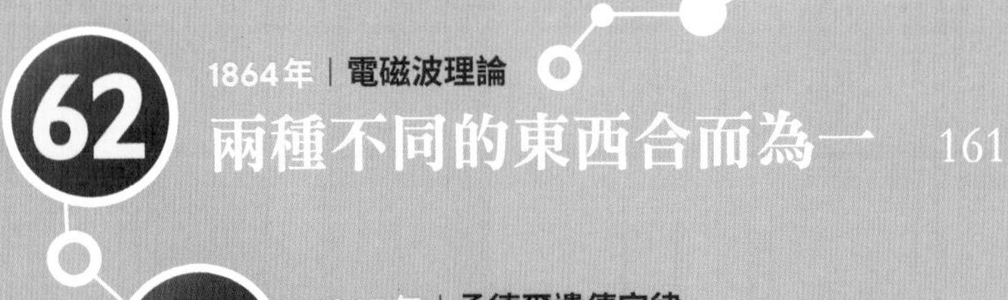

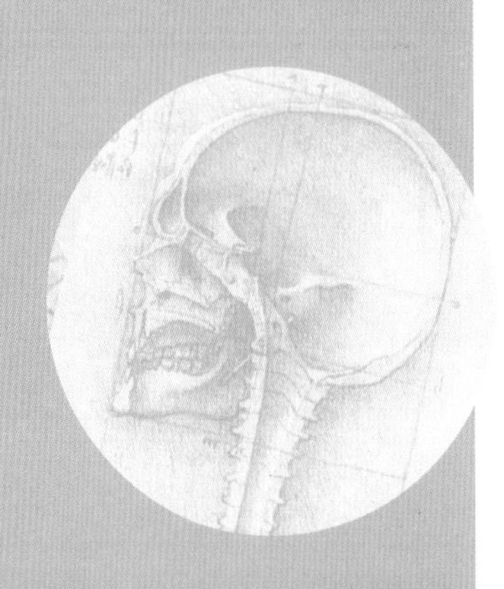

35

1712年｜蒸汽機的誕生

工業革命的信號彈！

※焦急

我剛才去了你家一趟，
全部都聽說了。
可惡！

我還心想你怎麼
比寶拉早來……
原來宇宙尿褲子啦。
啊啊啊！媽媽
為什麼要跟寶拉
說這種事！

為了紀念你們提早來，
不如我來出個與科學史
有關的謎題吧！
好呀！

18世紀發生了一件
徹底改變世界的大事，
你們知道那是什麼嗎？
嗯？
這不是科學史啊，
我對歷史不在行……

啊！是工業革命！

答對了，寶拉果然
無所不知。
嘿嘿
哼

18世紀中葉，
技術、社會與經濟等方面
出現了驚人的變化，
這就稱為工業革命。
可是，
工業革命和科學
有什麼關聯呢？

當然是因為科學上
出現了成為工業革命
信號彈的發明啊。
真的嗎？

沒錯，就是蒸汽機。
蒸汽機？

蒸汽機是利用水蒸氣產生動力，
並將其轉換成機械能的機器。

以前的人很有智慧，懂得運用水力、風力等大自然的力量。
쿵 쿵 쿵
※咚咚咚
要獨自搗這麼多穀物
實在太辛苦了，
有水車真的好方便。

但水力和風力有地區上的限制。
我們村子沒有河流，無法建造水車。

要是風力太過微弱，風車也不會轉動，這也是個問題耶。

※咚咚

蒸汽機是利用熱能，所以任何地方都能使用。

※嗶嗶嗶

18世紀以前，人類就開始研究蒸汽機。
不過湯瑪斯·紐科門發明了機器，把蒸氣的力量轉換成動能來使用。

紐科門發明的蒸汽機是為了抽出滲進煤礦的水。
地下水又溢出來了。
什麼時候才能把水抽乾，開始挖煤炭……

就算好幾匹馬努力轉動，
也抽不出多少水。

※緩緩流動

不如試試
我所製作的
蒸汽機。
蒸汽機？
？？？

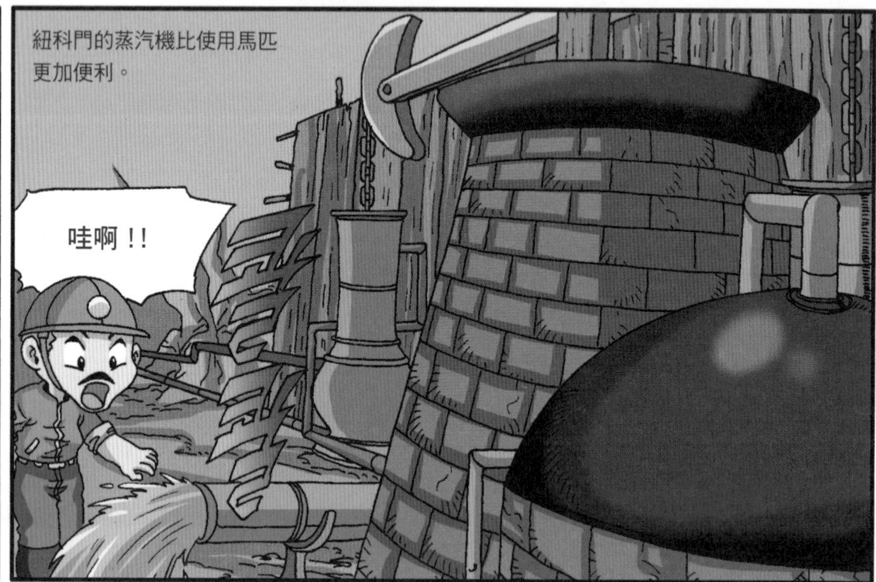
紐科門的蒸汽機比使用馬匹
更加便利。
哇啊！！

※嘩啦

但紐科門的蒸汽機效率並不好。
哎呀，
那台蒸汽機
耗費太多
煤炭了。

於是詹姆斯・瓦特改善了這項缺點。
我的蒸汽機比紐科門的更強，
使用的煤炭也更少！

瓦特的蒸汽機效能佳，廣受好評，
不只應用於礦山，也廣泛使用於其他領域。
一台蒸汽機就能
製造出數十個人的
衣料耶。

蒸汽機促使工業
更加發達進步，
進而擴散到全世界。
瓦特的一台蒸汽機
就改變了整個時代……

它不單純只是
瓦特的蒸汽機。
蒸汽機裡面
包含了長久以來
眾人的研究與實驗。

少了其中一樣，
蒸汽機就不可能成為
工業革命的原動力。
沒錯，這個道理
就和目前為止
學到的所有
科學原理一樣。

那個……博士，
俗話說：
「吃飯皇帝大……」
咕嚕嚕
哎呀，看看我這記性。
我們先吃點東西，
再講下一個故事吧。

36

1735年｜林奈的分類法

有系統地替**生物分類**

既然是獅子和老虎生的，
那就是雜種耶。
牠好像聽得懂
人話耶！
好聰明喔！
哼
嗷嗚

不過，獅子和老虎
是不同的動物，
要怎麼生下寶寶呢？
牠們雖然
不同「種」，
卻是同「屬」。

種？屬？
嗯，看來要先仔細說說
生物的分類了。

我是有聽過
生物這個詞啦……
不用想得太困難。
生物指的就是
一切有生命的東西，
也就是動植物。

18世紀之前，
每個國家稱呼各種動植物的
說法都不一樣，
所以碰到很多障礙。
真的嗎？

於是卡爾・馮・林奈
把自然界的資料
加以統整。

林奈是瑞典的植物學家，
但他針對各國的無數植物
進行了調查。

結果，他找到了替植物分類的
重要基準。
植物只要根據雄蕊與
雌蕊的數目和共同特徵
來分類就行了。

他相信其他生物也具有這種分類基準，並開始進行調查。
植物8000種、貝類828種、
昆蟲2100種、魚類447種、
動物4400種
哎喲，研究對象
實在太多了。

經過長期研究，
林奈提出了「二名法」，
讓每個人都能輕易地
替動植物分類。
二名法

林奈首創的二名法，
成了今日生物分類學的基礎。
二名法？

是啊，那就是
「種」和「屬」。
「種」就是
生物分類上
最基本的單位。
種 種子的種

還有在生物分類上，
「屬」就是「種」的上一階。
屬 歸屬的屬
呃！
我聽不太懂。
박박
박박

※抓抓抓抓

哈哈，我舉個
簡單的例子。
老虎、獅子、豹、
美洲豹等就是同屬
不同種的動物，
牠們都是「豹屬」。

啊哈，所以牠們才能
生出獅虎啊。
同屬不同種的動物
交配後誕生後代的過程，
叫做「種間雜交」。

二名法的使用方式
非常簡單。
你好像一直
搶我的鏡頭耶。

你叫什麼名字？
宇宙。

那姓氏呢？
我姓韓。

好，就像韓家的宇宙，二名法是用屬名和種名來區分生物。
把人類稱為「Homo sapiens」，原因就在這裡。
屬名：Homo
種名：sapiens

Homo sapiens是拉丁語。
我是使用拉丁語為生物分類和命名。
嘖
Homo sapiens

Bye Bye
直到今日，林奈的分類法仍是理解地球自然界構造的實用工具。

那麼，所有生物都只靠
二名法來分類嗎？
在種、屬之上
還細分成科、目、
綱、門、界。
界
門
綱
目
科
屬
種

狼的分類法就是動物界-
脊索動物門-哺乳綱-食肉目-
狗科-狗屬-狼種。
哇！生物分類
真的變得好簡單呢。

不過，
牠叫什麼名字？
還沒幫牠
取名字呢！

既然是獅子和老虎間
愛的結晶，
叫牠小愛怎麼樣？
叫牠豹雜怎麼樣？
豹屬雜種，
呵呵呵。

呃！我收回！你的名字
就叫小愛、小愛！

※咬

37

1752年｜發明避雷針

用風箏**捕捉**電流

閃電落在地面的現象
就叫做「打雷」。
一般來講，雷很容易
落在最高的建築物
或是樹木上。
※雷擊

避雷針是設置在
比建築物更高處的
金屬棒。

這根避雷針的底部
與地面相接。
所以它的原理就是
讓雷落在避雷針上，
再透過這根金屬棒
把電傳導到地面。

太感動啦！都沒有我
可以教的東西啦。
哎呀，
博士真是的。
呿

嗚嗚，看來我應該
去教其他孩子了。
裝模作樣！
喀
噠

博士！我就只知道
這些而已，所以要請
博士您多說一點啊。
發明避雷針的人
叫做班傑明．
富蘭克林。

你們知道閃電
是一種電流嗎？
當然
知道囉！

直到18世紀後半葉，
人們都不知道這件事。
什麼！

當時人們對靜電產生
濃厚的興趣，許多簡單的實驗
也跟著蔚為流行。

荷蘭的穆森布羅克發明了「萊頓瓶」這個簡單的蓄電池，
能夠收集靜電，儲存在玻璃瓶內。
用棉布搓揉玻璃棒，
就會產生靜電。

※唰唰唰唰

接著觸碰這個
金屬球，原本在
玻璃棒上的靜電
就會儲存在瓶裡。

這時如果用雙手碰觸
它的頂端，靜電就會透過
我的身體釋放出來。
哦，好麻啊。
※滋滋滋

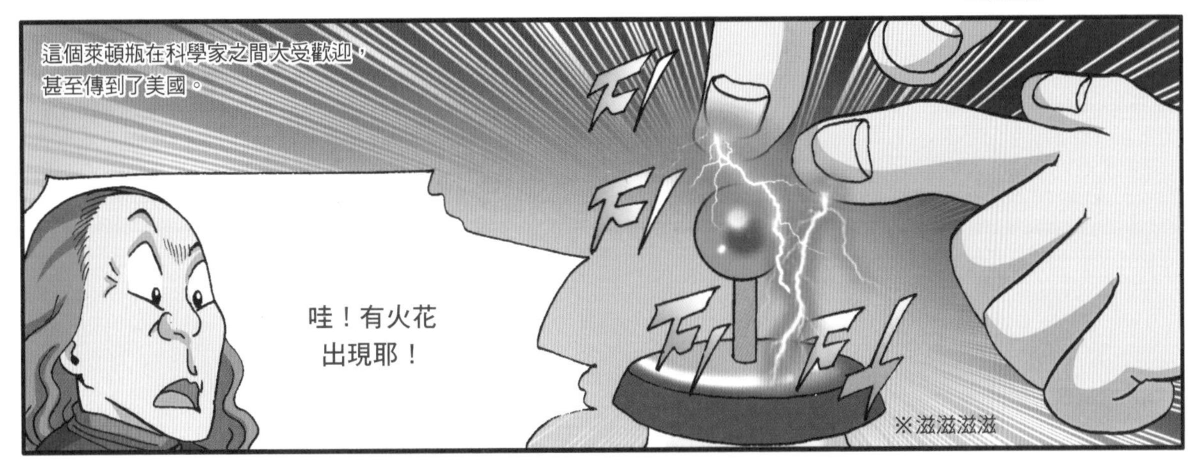
這個萊頓瓶在科學家之間大受歡迎，
甚至傳到了美國。
哇！有火花
出現耶！
※滋滋滋滋

這個靜電的火花
和閃電的樣子好像啊。
※閃光
班傑明・富蘭克林

嗯，那麼閃電也是
電流的一種嗎？

為了確認自己的想法是正確的，
富蘭克林進行了一項實驗。
我在風箏上掛了金屬鐵線，如果閃電也是一種電流，就一定會有反應。

※閃光
※啪滋滋滋
呃啊啊！
呼，閃電果然像電流通過全身一樣酥麻，但這樣還不夠。

※閃光
假如閃電是一種電流，應該就能將電力儲存在萊頓瓶中。

經實驗確認，閃電是一種電流。
閃電果然是電流的一種。

設置比建築物更高的金屬棒，再將棒子的底部固定在地面，是不是就不會造成災害了？

※閃光 ※啪滋滋滋

38

發展成**化學革命**

你們知道
煉金術是什麼嗎？
??

簡單來說，試圖把其他金屬
變成黃金的實驗就叫做
煉金術。
金屬
黃金
什麼！
這有可能嗎？

當然
不可能。
那我們就不需要
知道了。

怎麼能這麼說呢？
假如我說是因為
有煉金術，
才會有化學的出現呢？
化學？

寶拉也有不知道的事情啊。
萬歲！終於有寶拉不懂的領域了！

博士，化學是什麼呢？
化學是一門科學，主要是研究地球上物質的性質、構造與變化等等。
啪
啪
※慘敗

往後它會經常出現在科學史中喔！
原來如此。

從前的人認為黃金的性質不會改變，所以非常重視黃金。
黃金！是黃金！

但是黃金非常稀有珍貴，只有富人才能擁有。
哇哈哈！我是世界首富！

所以煉金術師想找出將水銀或銀變成黃金的方法。
如果可以製作出黃金，我就能成為世界首富了，噢呵呵！

甚至連亞里斯多德也認為，可以透過人為的方式製造出黃金。
就像種子長成樹木需要時間，
從地底下自然產出黃金，也要耗費很長的時間。

只要找到能縮短時間的方法，想要多少黃金，就有多少黃金。

無數煉金術師都受到這種想法的影響。
依我來看，只要水銀和硫的比例掌握得當，就能製造出黃金。
我同意你的說法，但我認為其他物質更加重要。

為了製造黃金，煉金術師拚命地研究與進行實驗。
要放入什麼物質，才能製造出黃金呢？
기우뚱
기우뚱
※晃動

進行煉金術實驗時，需要各種實驗器具。

想要透過煉金術
製造出黃金的夢想，
根本只是白費力氣。
※煉金術

但是研究化學時
必要的實驗器具、藥品
和基礎實驗方法，
都是來自於煉金術。

因此化學的
相關研究，
才會在18世紀
開花結果。
煉金術
化學

好有趣喔，
想得到黃金的野心
竟然創造出其他科學。
就是啊。

39

1774年｜發現氧氣

發現**火花**，也**發現**新的氣體

普利斯特里是一名牧師，不過他對化學也有濃厚的興趣，很快就對周遭的現象產生了疑問。
那個氣泡是什麼？

牧師，您在做什麼？
嗯……

※咻

哇！蠟燭靠近之後，火就熄滅了耶！

普利斯特里很專注地研究這個現象。
發酵的啤酒桶旁肯定有什麼氣體。
只要像這樣持續倒水，氣體也必定會跑入水中吧？

※嘩啦啦

溶入水中的氣體就是二氧化碳。
既然有氣泡，就表示確實有氣體跑入水中。

*礦泉水：含有微量鈣、鎂、鉀等礦物質的水，25℃以上的水被使用於溫泉。

後來，他在加熱氧化汞這種金屬時，發現產生了某種氣體。
啊！這次
有反應了耶。
푸쉬쉬쉬
※噗咻咻咻

先前發現的氣體，
只要火焰靠近
就會熄滅……
這種氣體
會出現什麼
反應呢？

화르르
※劈哩啪啦

哇啊！
這反應好驚人啊。

為了進行其他實驗，他分別在裝了空氣和新氣體的瓶子裡
放入一隻老鼠。
老鼠在裝入新氣體的瓶子裡
存活的時間，是在裝入空氣的
瓶子裡的3倍。
A：15分
B：45分

不久後，這種氣體
就被拉瓦節命名為氧氣。
O
氧氣

普利斯特里發現，
氧氣是構成空氣的成分之一，
它在動物呼吸時
扮演了最重要的角色。
※咻咻

喝汽水的時候，
完全沒有想過
裡面會有氣體。

科學家真的好偉大，
對小地方產生疑問，然後發現
或發明出震驚全世界的東西。
無論是
發明或發現，
都不限於科學家。

只要時時抱持疑問，
仔細調查、認真研究，
你們也一樣辦得到。

40

1781年 | 發現天王星

太陽系的地圖逐漸成形

沒錯，不過有個人
自行發明了望遠鏡，
並在觀察過程中
發現了天王星。

真的嗎？

所以赫雪爾和妹妹就自己製作望遠鏡。
卡羅琳，這樣應該能製作出品質不錯的望遠鏡吧？
天呀，這個鏡片製作得好出色。

據說他每天都會利用自己製作的望遠鏡觀察夜空的星星。
哦！看到了土星！
哥哥，我也想看！

他在這個過程中，發現了天王星。
咦？那顆星星是什麼？

但是當時的人們相信，包括太陽在內，太陽系只有7個行星。
號外、號外！太陽系發現了新的行星！

發現新行星這件事，在全世界引起軒然大波。
太陽系竟然有新的行星！
竟有如此驚人的發現！
法國
西班牙
赫雪爾是誰？什麼？音樂家?!

發現天王星之後，赫雪爾並沒有停止研究宇宙。
我還想研究太陽系以外的星星。
既然有這麼大的望遠鏡，哥哥你一定會如願的。

他緊接著開始研究雙星。
雙星？

從地球觀看時，會看到2顆星星靠在一起的情況。

實際上2顆星星與地球的距離並不相同，只是從地球觀看時，就好像緊靠在一起。

不過，其中真的有2個行星在彼此周圍運行，這就叫做雙星。

赫雪爾在無數星星中發現，
有50幾個雙星的實際距離很近。
那的確是
雙星。

哇！竟然還有
這種星星，
宇宙還真是神奇。
我嗎？

噓！

不是你！
投降！
投降！

※呃啊啊

除此之外，他還發現
銀河系呈圓盤狀，
還有銀河是它的輪廓線。
原來發現
銀河系形狀的人
也是赫雪爾啊！

是啊，赫雪爾是完成
宇宙地圖的開拓者。
這下該怎麼辦！
長大之後有好多
想學的東西喔！

1784年 | 卡文迪什

空氣
氫氣

發現**氫氣**的古怪**化學家**

拆解氫氣的韓文漢字「水素」，
可以知道它是組成水的材料。
※喀噠
水 清水的水
素 元素的素

當2個氫原子
和1個氧原子結合時，
就會形成水。
啊，原來
水的構造
是這樣啊。
H2O
水

氫氣無色無味，
所以無法用肉眼
或是鼻子得知
它的存在。
氫氣

不過，
氫氣一旦碰到火，
氫氣

就會燃燒起來，
發生爆炸。
小朋友絕對
不能模仿喔！
哇！嚇死我了！

※劈哩啪啦 ※砰

卡文迪什在進行實驗時，發現產生了氫氣。
在金屬片上淋上鹽酸，會發生什麼反應呢？
鹽酸
鋅

哦，這煙霧是什麼？
鹽酸
鋅

※嘶嘶嘶

卡文迪什認為這種氣體是燃素。
？
燃素？

從前的人認為想讓某種物質燃燒，就必須有「燃素」這種粒子存在。
喔！
燃素

他利用做實驗時收集起來的氣體，進行了各種研究。
就是博士給我們看的那個研究嗎？

他還做了其他的研究。
如果將這種氣體放入
空氣中引起電流反應，
會變成什麼樣子？
※啪滋滋
空氣
氫氣

哦！產生了水！
搖曳

原來這種氣體
是構成水的
主要成分啊。
看他做研究的樣子，
一點都不覺得古怪呀！

啊！你們是誰？
嗯，那個……

不准再次
出現在我家！
怎、怎麼了？

※砰

據說卡文迪什
非常討厭與人面對面。
怎麼有這種人啊！
哼

妳被解僱了！

咦！

這個時間，
妳為什麼在這裡？
啊，主人。

※抖抖

咦？一般定律
不都是用發現者的
名字來命名嗎？
他完全沒有接收外部資訊，
靠著不斷獨自研究而有了
劃時代的發現。
給呂薩克定律
庫侖定律
歐姆定律

儘管如此，
他在研究
方面可說是
非常優秀。
哼！竟然只因意外
碰到面就解僱別人！

※抖抖抖

※呵呵呵呵

※噠噠噠噠

42

1785年｜庫倫定律

電流知識的發展

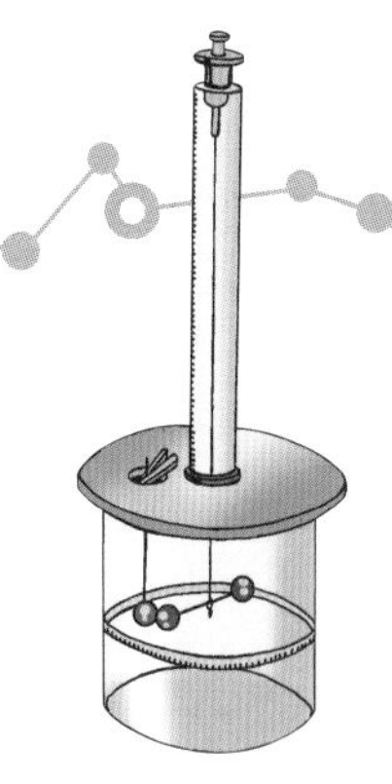

※呵呵呵呵呵

※喀嚓

這樣對為人類
發明電力的科學家
很沒禮貌。
啊！對耶！

不過為什麼我們
可以使用電力呢？
當然是因為古人發揮了
智慧，將自然能量應用於
生活上。

可是他們對電力
幾乎是一無所知。
那麼是指他們多少
還有一點瞭解囉？

是啊，直到18世紀為止，
人類只知道摩擦生電。
摩擦生電？

用毛皮摩擦
掛在這裡的氣球，
這兩種物質
就會產生電荷。
呃啊！又出現
不懂的詞彙了！
電荷又是什麼？

※擦擦擦　※猛抓頭

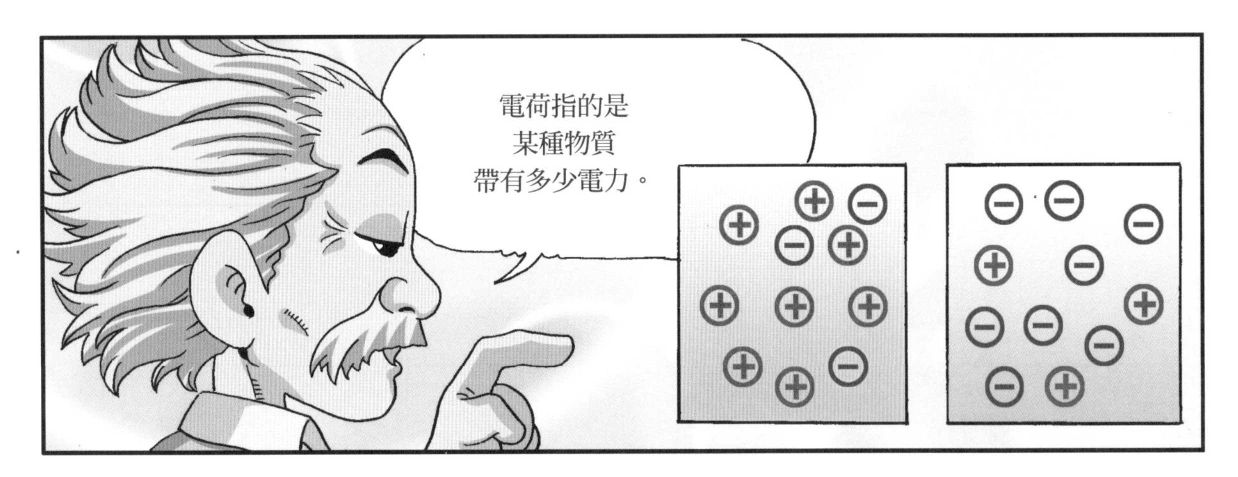
電荷指的是
某種物質
帶有多少電力。

請您快點說吧！
您非得看我
頭殼燒壞嗎？
抱歉啦，
那讓我們再次
回歸正題吧。

這時如果將摩擦過的
毛皮靠近氣球呢？
啊！氣球
自己動了！

※慢慢轉動

這就叫做
摩擦生電。
這個實驗
好有趣喔！

※轉動

所有物體都是
由「原子」這種小粒子
所構成的。
我是
原子。
原子

這個原子是由
帶正電荷的原子核，
以及帶負電荷的電子構成。
原子核
電子

將毛皮和氣球互相摩擦，
部分電子就會受到刺激，
往某一側移動。

讓兩種帶有不同電荷的
物體互相靠近，
它們就會想緊靠在一起，
這就叫做「吸力」。

相反的，帶有相同電荷的物體
互相靠近時，就會產生
彼此排斥的作用，
這就叫做「斥力」。
哼！
哼！

不過，庫倫把帶有電力的物體之間的作用力計算出來了。

當時，由於牛頓的萬有引力與富蘭克林的閃電實驗，有關電力的研究變得很盛行。
這是什麼呢？
這個東西叫做扭力天平。
和一般的天平長得好不一樣耶。
這個不是用來秤重量的天平，而是測量電力的天平。
電力也可以測量出來啊？
當然囉，這裡面有固定住的金屬球，也有能自由移動的金屬球。當有電力通過這裡時，金屬球就會在電力作用下移動。
根據電荷量的多寡，金屬球移動的距離也會不同。

就是靠著它，
我才能仔細研究
電流的吸力和斥力。
啊，
原來如此！

發現的結果就叫做
庫倫定律。
庫倫定律
是什麼呢？
請趕快教我！

在兩個電荷之間產生的
吸力和斥力，
也就是電力與兩電荷量的乘積
呈正比，而與其距離的平方
呈反比的公式。
$F = K \frac{q_1 \cdot q_2}{r^2}$

咦？我好像在哪裡
見過這個公式耶。
會這樣想很正常，
是不是和牛頓的
萬有引力公式很像？
$F = G \frac{m_1 \cdot m_2}{r^2}$

啊！真的耶！
就連發現電力
與萬有引力
依循相同法則，
而創造出公式的我
也大吃一驚呢！

庫倫定律成了說明
一切電的現象的基準。
這個最基本的定律，
幫助大家得以輕鬆理解電。

因此，物理學領域
之一的「電學」
也奠定了基礎，
正式開始進行研究。

為了興建發電廠，
人類投入了相當驚人的
金錢與資源。
此外，必須利用核能、
水力、火力等其他能源
才能興建發電廠。
核能發電廠

之後，電學的發展
非常出色。
多虧於此，
我們才能生活在
電力發達的文明社會中。
原來如此。

要是像你們這樣浪費電力的人
越來越多，
這樣怎麼行呢？
我們知道錯了。

▼**紐科門** Thomas Newcomen

英國工學家，發明了蒸汽機。
蒸汽機後來普遍用於汲水，對英國的煤炭產業
與蒸汽機的發展具有重大貢獻。

▼**林奈** Carl von Linné

瑞典植物學家。首創以屬名與種名來表示
生物學名的二名法，奠定了生物分類學的基礎，
著有《自然系統》、《植物種志》等書。

1712年
蒸汽機的誕生

1735年
林奈的分類法

改變世界的科學家們 1

1784年
卡文迪什

1785年
庫倫定律

▲**庫倫** Charles Augustin de Coulomb

法國物理學家。發明了扭力天平，
利用它進行實驗時，
發現與電磁力相關的庫倫定律。

▲**卡文迪什** Henry Cavendish

英國物理學家、化學家，進行過許多有關電的實驗，
並測量出地球的質量。他發現了氫氣，
也揭開水是由氧和氫兩種元素組成的化合物。

▼ **富蘭克林** Benjamin Franklin

英國政治家、科學家。發明避雷針，
使用風箏進行實驗，證明了閃電等於
釋放電力的假說。

▼ **煉金術** Alchemy

始於古埃及，經由阿拉伯半島傳至歐洲的
原始化學技術。其目的在於將卑金屬轉變為貴金屬，
並進一步提煉出長生不老藥。

37 用風箏捕捉電流

38 發展成化學革命

1752年
發明避雷針

希臘時期～ 18 世紀
煉金術

1781年
發現天王星

1774年
發現氧氣

40 太陽系的地圖逐漸成形

39 發現火花，也發現新的氣體

▲ **赫雪爾** Friedrich William Herschel

英國天文學家，出生於德國。
自行製作望遠鏡來觀察太陽系，
留下了發現天王星與雙星等偉大成就。

▲ **普利斯特里** Joseph Priestley

英國神學家、哲學家、化學家。
開發出將二氧化碳溶於水中，製作出蘇打水的方法。
雖然使用聚光鏡發現了氧氣，卻沒有揭開氧氣的真面目。

近代化學之父 拉瓦節

你們還記得燃素嗎？
就是古人相信會燃燒的物質都含有的那種粒子對嗎？

沒錯，古人認為燃素脫離物質所發生的現象就是燃燒，
也就是著火。
燃素

不過，實際上燃燒是指某種物質與氧氣相遇後發生劇烈的反應，產生了光和熱，
也就是引發火苗，使它形成性質不同的新物質。
木材+氧氣
灰燼+二氧化碳+水蒸氣+光+熱

部分金屬和氧相遇後，
也會產生燃燒反應，
不過這叫做「氧化」。
這和博士要說的
主題有關嗎？
鐵＋氧⇒氧化鐵

當然囉，
這可是和揭開這個過程，
並指出燃素說錯誤的人
有關呢。
哇啊！
那是誰啊？

這個人就是拉瓦節。

18世紀的科學界對這個假說
抱持許多疑問。
燃素說真的
正確嗎？
當然啦，不然木材
怎麼會著火呢？

唉，也沒有人證實
燃素是否真的存在。
那你怎麼
不挑戰
研究一下？

好，就由我來
研究看看！
你、你是
認真的嗎？

為什麼要
測量重量呢？
拉瓦節每次進行研究時，都會測量
物體的重量。
因為有人主張
燃素的重量是負的。

物體的重量
是負的？
聽起來
很不合理吧？

所以我每次都會在
實驗前後測量重量，
進行比較。
呃！
不要亂動！

我現在要進行
很重要的實驗！
啊！對不起。
嘻。

※咚

那是什麼？
這叫做水銀，
是這次實驗的
材料。

我已經點了火，
實驗開始了。

水銀的顏色改變了？
管口處的水柱
也上升了。

水銀加熱後本來就會
變成紅色嗎？
還有，水柱上升的
原因也很奇怪。

實驗結束，
該來測量一下重量了。

哦！水銀變得
更重了！

不可能會有其他物質跑進實驗器具內。
在裡面的就只有空氣啊……

拉瓦節認為水銀會產生變化，是因為空氣中的某種氣體造成了影響。
那麼，是空氣影響了水銀嗎？!

但是他並沒有揭開這種氣體的真面目。
究竟是什麼氣體附著在水銀上呢？

關於這個疑問，給予他關鍵性幫助的人正是普利斯特里。
我把火柴靠近發現的氣體，結果火苗燒得很旺盛呢。
是嗎？

既然它有助於呼吸，我在想會不會是空氣中含有的氣體。
空氣中含有的氣體？

就是這個！
也許就是這個氣體
影響了我的實驗！
???
탁
※咚

經過多次的實驗，他確認普利斯特里發現的這種氣體
對自己的研究造成了影響。
燃素這種粒子
果然不存在！

這叫做「氧化說」。
這種氣體會在
其他物質燃燒時
造成影響！

拉瓦節發表的氧化說，
震驚了整個科學界。
燃燒反應和這種氣體
有密切的關係！
氧氣

※議論紛紛

接著，他為氧氣和氫氣等命名，方便所有人理解。
普利斯特里發現的
氣體被命名為氧氣！

此外，他將沿用多時的化學相關用語
重新整理、命名之後，加以發表。
新酒要拿新瓶裝，化學用語也應該全部翻新。
化學命名法

一言以蔽之，拉瓦節成為開創全新化學時代的先驅。
哇！

所以大家才會稱呼拉瓦節為近代化學之父。
近代化學之父，這名號好帥氣喔。

好！我將來也要成為科學家，獲得科學之母的稱號！
哎喲，妳的夢想怎麼老是改來改去？

之前是鋼琴家，再之前是花式滑冰選手，還有再之前是……
宇宙，你最好別再說了。

改變地質學的概念

※嘻嘻嘻嘻

*大洪水：《舊約聖經》的〈創世紀〉中出現的故事，大洪水發生後，只有搭上方舟的諾亞一家人與動物存活下來。

※轟隆隆隆
地震導致地表裂開，
使得地面隆起或凹陷，

洪水則沖走了周圍的一切，
對地表造成沖刷侵蝕。
哦，
原來如此。

是火造就了
地球的樣貌。
相反的，赫頓主張是「火」造就了
地球樣貌的「火成論」。
火？
火要怎麼形成
山脈和海洋呢？

地球內部具有驚人的
熱能和壓力。
因此地層會變形，
逐漸發生改變。
哇啊！

雖然地震和洪水
也會使地球發生變化，
但我認為火山與
地球內部力量的影響更大。

各種岩石是由
地球內部的熱能與壓力
所形成的。
舉例來說，假如沒有
地球內部的壓力，
就不會形成鑽石。

赫頓主張「均變論」。
過去
地球現在也在
一點一滴地改變。
我認為過去所發生的
地質作用，也是在和現在
相同的條件下進行的。

所以，地球在具備現在的
樣貌之前，一定經歷了
極為漫長的時間。
現在
那麼，究竟花了
多少時間呢？

當時地球的年齡
估計大約是
6000年。
6000年？

是啊，不過就形成地球的
樣貌來說，6000年的時間
只是滄海一粟。

就赫頓的均變論來看，
地球的年齡
少說有數十萬年呢。
哇！

根據後代
以科學方式測量的結果，
地球的年齡大約有
45、46億年呢。
45、46億年！

兩人提出理論之後，
使原來的地質學
產生了重大變革。
地質學也結合了
兩個理論的優點，
獲得不斷的發展。

地球竟然有
46億歲……
難道是因為
地球是一位
老爺爺嗎？

這是什麼意思？
因為我爺爺臉上
也有很多皺紋啊。

所以說，地球不也是
長了很多皺紋，
才會產生山脈和河流嗎？
唉！

1796年｜詹納的種痘法

※戳

預防**天花**

找到了！

還不給我
出來！
啊啊啊！不要！
我討厭打針！

就連我4歲的弟弟
都不怕打針了！
我一見到
針筒就怕，
哪有辦法！

預防接種
是很重要的事。
先聽博士
講故事吧，
博士的故事比預防接種
更重要嘛！

唉！為了偷溜，
你還真是無所不用
其極……
那我就為宇宙
說個故事吧！
進入近代之後，
也多少揭開了
人體的奧祕。

但是在疾病方面，卻沒有發現
明確的治療方法。
天啊！那不就有很多人
因此死掉了嗎？
結核
傷寒
天花

是啊，最具代表性的例子就是天花。
天花的症狀是會發高燒，全身起水泡。

若是痊癒了，全身會留下疤痕；要是嚴重的話，有40%的機率會死亡。
哇，好可怕。

18世紀初期，確實有一些治療天花的方法。
會痛也要忍耐喔。
※戳
哇啊！
就是先用針戳患者身上的水泡，再去戳一般人。
孩子，這樣做你就不會感染天花。

但是被針刺了之後，還是有10%的人會感染天花而死亡。

所以有個人試圖找出更好的辦法，他就是愛德華．詹納。
咦？小姐妳的天花症狀似乎不太嚴重。
不，我並沒有感染天花。

什麼？但妳手上留下的水泡痕跡，不就是感染過天花的證據嗎？
喔，這個啊？是我碰了感染牛痘的母牛的乳頭，所以我也感染了牛痘，這是那個的疤痕。

牛痘是牛的天花……
天花和牛痘之間有什麼關係呢？

請問一下，擠牛奶的人之中，都沒有人感染天花嗎？
這個嘛，好像沒有見到感染天花的人耶。

詹納蒐集了更多資料，得知感染牛痘的人並沒有人得到天花的事實。
沒錯！使用牛痘就能徹底消滅天花！

※砰

詹納採集了牛痘膿液，替8歲的小男孩接種。
好乖，你很會忍耐。
打了這個，就真的不會感染天花嗎？

接著2個月後，他替孩子注入了微量的天花膿液。
注入天花的膿液後，過了幾天依然毫無反應！

以預防天花為目的，在人體的皮膚上接種疫苗就叫做「種痘法」。

詹納是第一個成功將種痘法應用於孩子身上的人。
哇！真的好了不起喔！

就是因為有他發明的種痘法，才會有既現代又安全的預防接種。
拯救他人的醫生果然很帥氣，對吧？

※迅速逮住

聽完博士的故事了吧？知道不接種疫苗會怎麼樣了吧？
但我還是討厭打針！
※被拖走

46

1800年｜發明電池

將電力關起來

※滋滋

他就是
亞歷山卓．伏特。
伏特（V）
就是以他的名字
命名的。

伏特？
那是什麼？
伏特是
電壓的單位。
V（伏特）

電壓？是指電流的
壓力嗎？
哦哦，
宇宙
很懂嘛。

但我其實一知半解。
之後講到
「歐姆定律」的時候，
我再詳細告訴你們。

博士，伏特是怎麼
發明電池的呢？
他會發明電池，
全是因為
別人的實驗。

義大利的醫生伽伐尼以青蛙進行實驗時，
發現了一件非常奇怪的事。

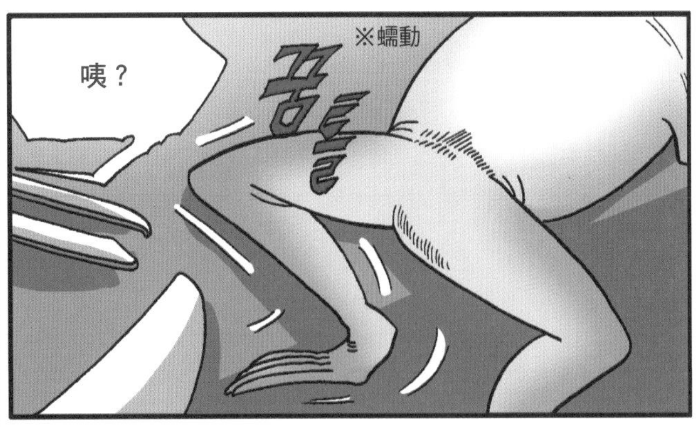
咦？
꿈틀
※蠕動

青蛙明明死掉了，
為什麼腿還會動呢？

因為動物的身上
帶有電，
所以我在做實驗時，
青蛙的腿才會抽動。
伽伐尼將這種奇怪的現象命名為「動物電」。

伏特對他的論文產生興趣，做了相同的實驗。
咦？為什麼
腿不會動？

我是按照伽伐尼的論文
做的啊，哪裡出錯了嗎？

伏特重新做了好幾次實驗，
然後發現了原因。
將不同的金屬放在青蛙的
肌肉上時，青蛙才會動。
這不是因為動物的身上
帶有電，而是這兩種金屬
製造出電力吧？
銅
鐵

他的實驗結果在科學界引起了軒然大波。
你胡說！
伽伐尼研究了10年耶，
怎麼可能不知道這個？
青蛙的腿部
沒有帶電！
伏特派
伽伐尼派

電力明明是因為
不同金屬而產生的！
那你拿出
證據來啊！

證據就在這裡。
我用銅和鋅
製造出電力給你看。
果然！

這是鋅板和銅板。
鋅板
銅板

在銅板與鋅板之間夾入被鹽水沾濕的紙張，然後將它們反覆層層堆高。

就會像兩位看到的，出現電流的火花。
※啪滋滋滋

這種電流反應會長時間持續發生。
怎麼樣？這樣你還能說我錯了嗎？
哼..

※啪滋滋滋

伏特改良了實驗方法，製造出電池。
將弱硫酸溶液置於
鋅板與銅板之間，
就能長時間產生電力。

這麼做
電池就能持續
輸出電力。

伏特製作的電池，幫了科學家很大的忙。
有了電池，
進行電的研究
就方便多啦！

伏特製作的電池經過
持續地改良，成了最近
普遍使用的電池。

哇！這樣看來，
是人類把電力關起來了耶！
是啊，有了它，
我們就可以
隨時隨地
自由使用電力了。

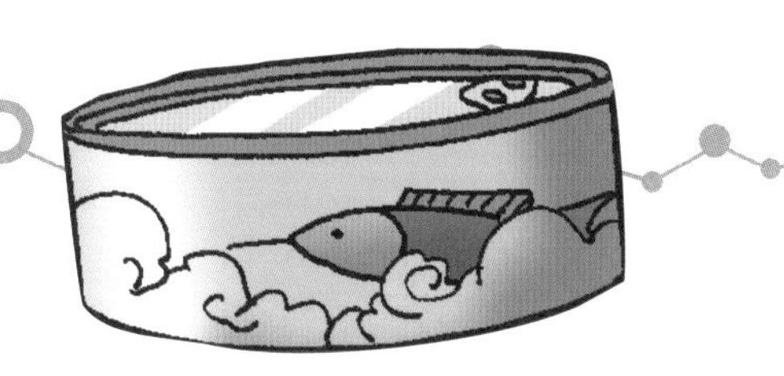

即食食品的開端

啊，肚子好餓。
※草莓醬

今天就簡單地
塗個果醬吃吧。
※啵
我帶了鮪魚罐頭。
我覺得放上鮪魚
比塗上果醬好吃。

哎喲，你帶來了
很有趣的東西呢。
什麼有趣的
東西？

你們知道這個罐頭
是怎麼製造的嗎？
這麼一說，
我好像沒想過
這件事耶。
不知道。

過去很難長久保存
水或是食物，
你們知道這是為什麼嗎？
當然是因為食物
放太久會腐敗
或是壞掉呀。

法國皇帝拿破崙曾經為了這個問題而傷腦筋。
要去遠方打仗，
糧食卻是個問題。

要在戰場上補給物資
也會受到限制。

有什麼好方法
能長時間保存糧食，
讓它們不會壞掉呢？

因此拿破崙向全國徵求好點子。
長期保存糧食的方法……
獎金也很豐厚耶。

阿佩爾是一位平凡的廚師，他看到法國政府的公告後
很感興趣。
不如我也來
報名？

他用了各種方法進行實驗，
卻屢次失敗。
哇啊！
又壞掉了！
우웩
※噁

做成食物後
保存在瓶子內，
確實降低了腐敗程度。

啊啊啊！
只要再做點什麼，
應該就行了啊！

假如把食物
放進瓶子密封起來，
再次加熱呢？

阿佩爾隨即採取了行動。
這麼做之後，
會變成怎樣呢？
咕嘟咕嘟

幾天後
行了！
食物沒有壞掉！

多虧了你，
戰場上的士兵
再也不必挨餓了。
玻璃罐頭就這麼誕生了。
謝謝您。
哇！他一定拿到了
很多獎金！
那麼金屬罐頭又是
怎麼製成的呢？

金屬罐頭是由英國的杜蘭德所發明的。
玻璃罐頭雖然能
長時間保存食物，
但問題在於
很容易打破。

玻璃罐頭
堅固的瓶子
有沒有不容易打破
又能保存食物的
容器呢？

有了！如果是金屬
就絕對不會
打破了！

後來他開發出用錫打造而成的金屬罐頭。
聽說是把食物裝在
不會打破的罐子裡。
是嗎？旅行的時候
一定很方便！

到了現代，
金屬罐頭成為
更多元簡便的產品，
並受到人們的
喜愛。

但就算是能長期保存的食品，
只要過了保存期限，
內容物還是可能壞掉，
所以絕對不能吃。
啊！這個已經過了
保存期限！

別吃那個，
吃我的吧。
謝啦！

48

1809年｜發明電燈

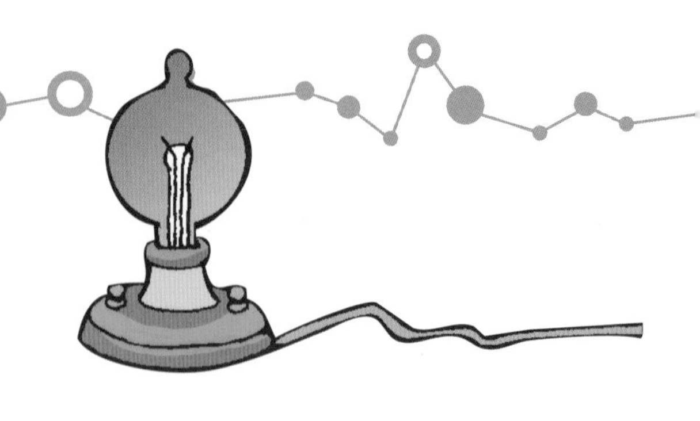

夜晚也像白天一樣

※啪啪

※光亮

這時，英國的戴維在進行跟電有關的實驗時
有了重大發現。
哇啊！電流的
火花太強了！
※啪滋

火花怎麼比蠟燭
還亮呢？

等等，
如果持續供給電力，
不就能成為比蠟燭
更好用的電燈了嗎？

經過多次實驗，戴維成功製作出
最早的電燈。
終於完成了！

戴維製作出來的電燈被設置在巴黎的協和廣場上。
天啊！就像白天
一樣明亮。
這是使用電力耶，
不覺得很神奇嗎？

不過這種電燈有個缺點，就是主原料的煤炭燃燒得太快，必須經常更換。
啪！
呼，這下總算都換完了。

哇啊！
那個又怎麼了？
我才剛換新的耶！

加上供給電力時會大量耗費電池，一般家庭根本用不起。
要是我們家也有那個就好了……

解決這個問題的人就是愛迪生。
啊，發明大王愛迪生！

他為了解決電燈的問題，進行了各式各樣的實驗。
啊啊，又失敗了。
這是第幾次實驗了？

不知道，失敗大約5000次之後，我就放棄計算了……
什麼？這麼多次！

有志者事竟成，他的堅持不懈終於得到了回報。
電燈開了數十小時也沒有熄掉！萬歲！

愛迪生不只徹底改善了電燈，

甚至設立了使用電力的發電廠、打造各種電力設施，使電力能普及到一般家庭。

假如沒有他的努力，電力就不可能像這樣唾手可得。

除此之外，愛迪生為科學史帶來的影響是絕對不能漏掉的，不過這個等以後我再告訴你們。
好！

49

1803年｜道耳頓的原子說

否定古代的原子論

他對於空氣中摻雜氧與氮等產生了疑問。
氧很重，氮很輕，
要怎麼在空氣中並存呢？
氧↓
氮↑

會不會是氣體各自
變成了非常微小、
無法再分裂的粒子呢？

還有，也許它們達成
平衡的狀態就是空氣。
氧
氮
氮
空氣
氧
氧
氮

為了確認自己的想法，他進行了各種實驗，並在過程中
提出了「倍比定律」
倍比定律是什麼？
啊！那個。

這兩個瓶子中分別裝了
一氧化碳與二氧化碳。
一氧
化碳
二氧
化碳

兩種物質的性質雖然不同，
但都是由碳與氧結合後
所形成的。
氧
碳
哇！真的嗎？

只不過一氧化碳是由
相同比例的碳與氧形成，
而二氧化碳中的氧
卻是碳的2倍。
碳1：氧1
碳1：氧2
一氧化碳
二氧化碳

換句話說，
形成一氧化碳與二氧化碳時，
氧的比例是1：2。
空氣
氧
氮
氮
氧
氧
氮

若兩種元素產生化合反應，形成兩種以上的
化合物時，一元素的質量固定，則另一元素的質量
呈簡單整數比，這就叫做倍比定律。
哇啊！
好厲害喔！
倍比定律
以一氧化碳和二氧化碳來說，
如果碳的質量固定，氧原子的
質量比為1：2。

在研究的過程中，
就能確定所有元素
都是由原子構成的。
是喔？
我聽不太懂耶。

儘管道耳頓向學術界發表自己的理論，學術界卻否定了他。

不過，他的理論至今仍能解釋學者所研究的化學現象。

不過當科學變得
更加進步，
就一定能揭開答案！
原子論

道耳頓的理論得到了許多科學家的支持。
我支持你的
理論。

但是他的想法
也存在一些問題。
那是什麼？

這與分子說
有關……
分子說？
那又是什麼？

分子說啊……

我下次再解釋
給你們聽。
轉身
哎呀！請趕快
教我們啦！

50

1811年｜亞佛加厥定律

成為**分子論**的**基礎**

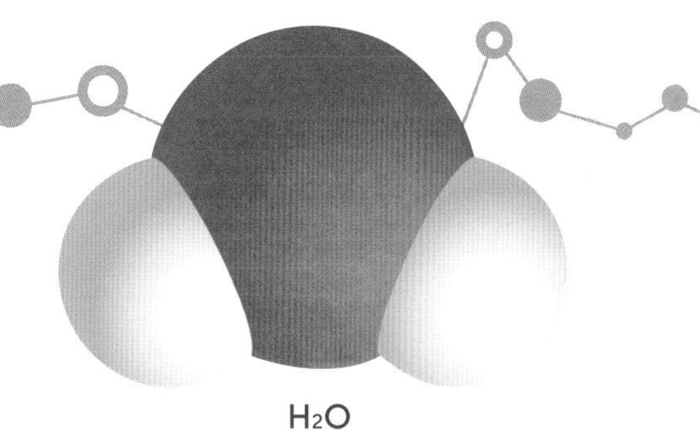

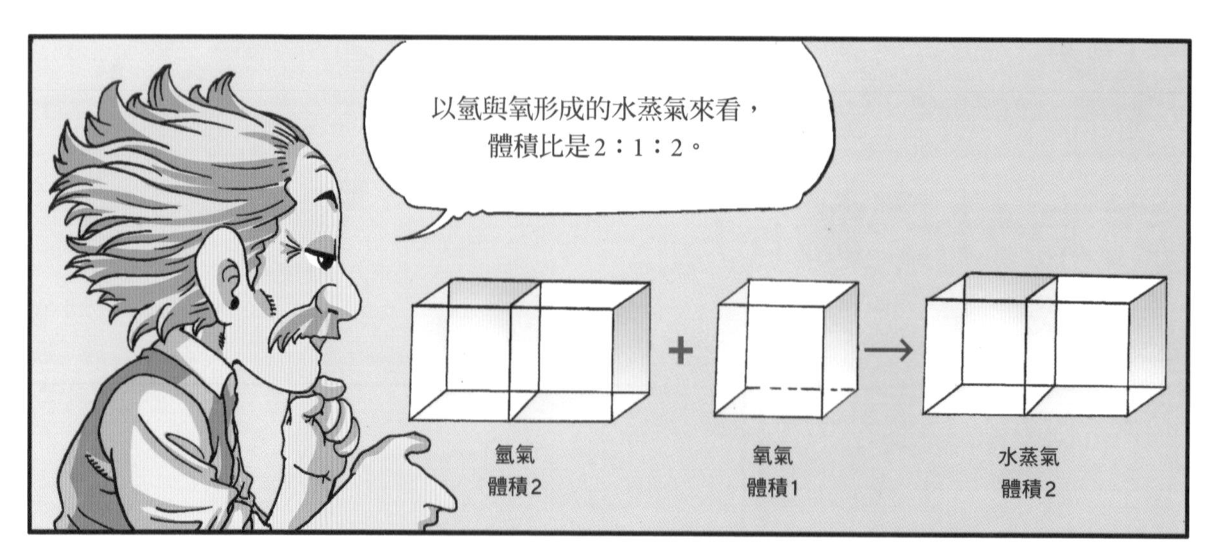
以氫與氧形成的水蒸氣來看，
體積比是2：1：2。
氫氣
體積2
氧氣
體積1
水蒸氣
體積2

產生反應的物質與新形成的物質，彼此間的體積呈簡單整數比，就叫做「氣體反應體積定律」。
原來如此。

這裡出現了道耳頓的原子說無法解釋的部分。
怎麼會呢？

按照道耳頓的原子說，想要解釋氣體反應體積定律，氧原子就應該分成一半才對。
不是說原子不能再分裂嗎？
氫
氧
水蒸氣

是啊，所以當時的
科學家都很頭疼。
嗯，
真的耶。

就在這時，出現了
解決這個問題的人。
那個人是誰？

這個人就是
亞佛加厥。
聽起來好像酪梨
avocado喔！
是亞佛加厥！
你耳聾啦？怎麼都
聽不懂人家說什麼！

我又怎麼了？
只是發音很像，
我開個玩笑罷了……
那個人的本名叫做
亞佛加厥嗎？
那個人的全名
長得不得了。
Lorenzo Romano
Amedeo Carlo
Avogadrodi
Quaregna e
di Cerreto
原來如此。

關於道耳頓的原子說，以及給呂薩克的氣體反應體積定律，
亞佛加厥苦思了很久。
氫氣
體積2
氧氣
體積1
水蒸氣
體積2
嗯，這個人說的對，
那個人說的好像也對，
解決的方法是……
氫
氧
水蒸氣

等等，這個體積內
不見得非得只有
1個原子啊！

假如這裡分別有
2個原子呢？
氫氣體積
氧氣體積

這樣不就能
解釋一切了嗎?!
氫氣 體積2
氧氣 體積1
水蒸氣 體積2

道耳頓認為原子是和其他種類的原子結合後形成化合物，
但亞佛加厥不這麼認為。
原子不是非得和
其他種類結合不可，
相同種類也能互相結合！

他把這個稱為
「分子」。
分子？

是啊，分子就是有2個以上的原子結合而成的構造。
例如，當3個氧原子結合後，就會形成「臭氧」這種分子。
氧
氧
氧
氧
氧
氧
氧原子
臭氧

水也是由2個氫原子和1個氧原子結合而成的分子。
原來如此。
H2O

他以這種假說為基礎，發表了亞佛加厥定律。
這個理論的重心在於分子。
如果不是分子，就無法解釋氣體反應體積定律。
當溫度和壓力一定時，無論什麼氣體，相同體積內存在的粒子數量都相同。
因為他的主張太過前衛，所以花費了49年的時間才被科學界接受。
※哇
不過道耳頓的原子說和亞佛加厥的分子說出現之後，也確立了近代化學的架構。
原子說
分子說

▼拉瓦節 Antoine Laurent Lavoisier

法國化學家、近代化學的創始者，
發現了「質量守恆定律」（物質產生
化學反應前後的質量相同）。

▼赫頓 James Hutton

英國地質學家、近代地質學創始者之一，
提出了「均變論」（無論是從前或現在，
地質上的變化都相同）。

43 近代化學之父 拉瓦節

1789年 全新化學的開始

44 改變地質學的概念

1795年 維爾納與赫頓

▶維爾納 Abraham Gottlob Werner

德國地質學家、近代地質學創始者之一，
奠定了礦物、岩石分類法的基礎。

改變世界的科學家們 2

1811年 亞佛加厥定律

1803年 道耳頓的原子說

50 成為分子論的基礎

49 否定古代的原子論

▲亞佛加厥 Amedeo Avogadro

義大利化學家、物理學家。提出亞佛加厥定律，
即所有氣體在相同溫度、相同壓力之下，
相同體積內會有相同數量的分子。

▲道耳頓 John Dalton

英國化學家、物理學家，
化學原子論的創始者。發現倍比定律，
而這項發現促進了化學的發展。

▼詹納 Edward Jenner

英國醫學家。發現牛痘接種法，
減少了因感染天花而死亡的人數。

▼伏特 Alessandro Volta

義大利物理學家，發明了伏打電池。
他是第一個運用化學作用製造出電流的人，
電壓的單位伏特（V）就是以他的名字來命名。

45 預防天花

1796年
詹納的種痘法

46 將電力關起來

1800年
發明電池

▲戴維 Humphry Davy

英國化學家。發現兩個電極之間會釋放電力，
後來發明了用電來使燈泡發光的電燈。

▲阿佩爾 Nicolas François Appert

法國廚師、釀造業者。最早研發出玻璃罐頭，
而這也為食品加工保存帶來了革新，
成為罐頭的雛形。

51

1814年｜史蒂文生的蒸汽火車

穿過**大陸**，使工業革命的時代**奔馳**

博士，蒸汽火車也為科學史帶來很大的影響嗎？
哼
當然囉。

哇！博士，請趕快告訴我們！
你們知道蒸汽火車是利用什麼原理行駛的嗎？

當然囉，不就是用之前學過的蒸汽機來推動火車行駛嗎？
沒錯。那汽車和火車之間的差異是什麼呢？

汽車是在一般道路上行駛，但火車是在鐵道上行駛。
好可惜，我正打算說耶！

※啪

沒錯，不過你們知道蒸汽火車首次行駛時是在一般道路上嗎？
真的嗎？

發明蒸汽機後，人類很努力想將它廣泛應用在各方面。
蒸汽機應該可以代替馬匹當作運輸工具吧？
這個想法不錯耶，來試試看吧。

來自於這種發想的蒸汽火車，當然沒有一開始就大獲成功。
※砰
哇啊！

有些車子甚至發生機械爆炸和撞上牆壁的意外。
蒸汽火車太重了，從各方面來看，都很難在一般道路上奔馳行駛。
這時，英國的理查．特里維西克開始挑戰打造蒸汽火車。
有了！如果是在鐵道上行駛的話，各方面的效果一定都很好！

*試車：打造新的火車、汽車或維修之後，在實際運行之前進行測試。

紹斯波特
奧爾德姆
利物浦
曼徹斯特
史蒂文生的蒸汽火車，成了第一個在英國重要的工業城市之間行駛的蒸汽火車。

他的蒸汽火車促使運輸業出現了驚人的變化。
蒸汽火車太方便了，一次就能載運好多貨物。
哇！出遠門時，沒有比火車更方便的交通工具了！

除了歐洲之外，在鐵道上行駛的蒸汽火車在美國也大受歡迎。
這是橫貫美國東部與西部的鐵路。
我們是第一個打造這麼長的鐵路的國家。
鹽湖城
奧馬哈
舊金山
好厲害！

史蒂文生的蒸汽火車出現之後，全世界興起了鐵路建設的熱潮。

這股鐵路建設的熱潮，不只帶來了陸地上的運輸革命。
不然呢？

鐵路建設也需要
各種原料。

所以相關工業大幅成長，
這又成了另一波革命的起點。

雖然蒸汽火車很了不起，
不過想到讓它在鐵道上
行駛的人真的好厲害！
宇宙，你也明白
蒸汽火車的偉大了吧？

但我還是覺得大船
比較拉風。
什麼嘛！
你不懂浪漫嗎？
看到這麼棒的蒸汽
火車，竟然不為所動！

孩子們，這裡是博物館，
小聲一點吧。
船是第一名！
蒸汽火車
更帥氣啦！

52

1820年｜安培右手定則

揭開**電力**與磁力的**關係**

先讓銅線
垂直通過這裡，
再讓它通電。

怎麼樣？
哦！指南針
動了耶！

撒下鐵粉後，
就可以知道磁場
長什麼樣子了。
真的耶！

這可以用人的右手
來簡單表示。
咦？
那是什麼？

就是這個。
哎呀，用右手
是要怎麼表現出
電流啊？

大拇指指向電流的方向，
其餘四指所指的方向，
即為磁場的方向。
電流
磁場

怎麼樣？簡單吧？
哦？這個方式
好簡單易懂喔！
電流
磁場
※啪啪

到底是怎麼發現
能簡單說明磁場與
電流方向的方法呢？
要解釋這個，
就得先來說說
厄斯特的故事。

丹麥的科學家厄斯特在進行電流實驗時，
偶然發現了電力與磁力的關係。
助理，不要在我進行
電流實驗的實驗台上
擺放任何東西。
對不起。

等等！指南針的指針
為什麼沒有指向北方？
哦！真的耶。

他關閉電流之後，指南針的指針
再度指向北方。
沒有磁力之後，
指南針的指針
還是會自己動？
※啪

哎呀，重新開啟之後，
又指向其他方向了呢。

假如讓電流朝反方向流動
會怎麼樣呢？

哦！這次朝著
與剛才相反的方向
轉動了！

出現了與磁鐵的
N極和S極靠近指南針時
相同的現象。

他把這個有趣的現象分享給科學界。
呵呵，這個實驗內容好神奇啊！
那算哪門子的實驗啊？
歐洲
法國

當時因為拿破崙引起的戰爭，法國與歐洲各國的關係並不友好。
真沒眼光，你親自做實驗不就知道了！
什麼！
歐洲
法國

這時，安培登場了。
好啦，別吵了，就由我來做一次實驗吧。
安培說的話，我相信。
歐洲
法國

依我的實驗結果來看，電流與磁場產生了非常密切的影響。
安培看了厄斯特的論文後，在1週內就發表了驚人的結果。
磁場強度和導線上的電流大小呈正比，與導線之間的距離呈反比。
哦哦！真的是那樣啊？

這就叫做「安培定則」。

電流的單位之所以
命名為安培（A），
也是為了紀念他所
留下來的成就。
安培（A）

此外，安培考慮到指南針
會受到電流的影響，
於是發明了可以測量電流的
機器，也就是「檢流計」。

檢流計是什麼？
檢流計是能知道有沒有
電流通過的重要裝置。

檢流計的發明，
對後來科學家進行電流實驗時
產生了很大的幫助。

今日，檢流計已經成為
不可或缺的實驗工具之一。

而且這個還可以測謊，
你也知道測謊機吧？
它還能探測
有沒有說謊？

剛才你偷偷
吃掉了麵包吧？
沒、沒有。

檢流計說
你在說謊呢。
驚！竟、竟然
真的知道我在說謊！
你有沒有說謊，
全寫在臉上。

相信我
說的話了吧？
是！我以後不會
說謊了！

博士才是
說謊大王呢。
哇哈哈！宇宙太好騙了，
捉弄他真的是
樂趣無窮啊！

??

53

1827年 | 歐姆定律

關於**電流**性質的 **重大發現**

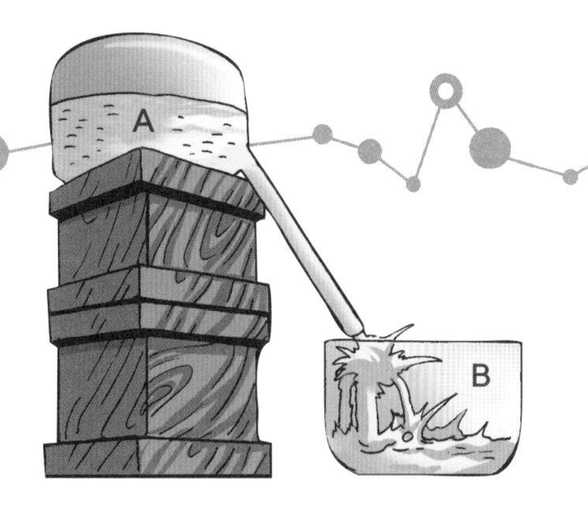

他對電磁學抱持濃厚的興趣。
哇！今天的電力好像變得更強一些了。
您在做什麼？這樣下去可能會觸電而死！
※滋滋滋

啊，這都是因為我想知道電流的特性，卻少了精準的檢查裝置。
那樣也不行啊。

不過測量久了，我也開始略知一二。
咦？

我是指電路中有電壓、電流和電阻。
電壓？電流？電阻？
電壓
電流
電阻

可以用這兩個水桶來簡單地說明。
這和電流有什麼關係呢？

把電流的強度
想成在一定時間內
流動的水量就行了。
啊，
原來如此。

不過當A水桶和B水桶的
高度有差異時，水流強度
會怎麼樣呢？
這個嘛。

A水桶和B水桶的高度
沒有差很多吧？現在的
水流強度怎麼樣？
很弱。
A
B
※慢慢流

現在呢？
哦！水流變強了。
A
B
※嘩啦啦

水流強度會依據
高度而有不同。
電力也會依據
電流強度而有不同，
這個就叫做電壓。
那麼電阻是
什麼呢？
電壓

※慢慢流

※傾盆而下

這就是電阻。
電流也像這樣，強度會根據電阻的強弱而有變化。

他說如果想教你的話，就必須做到這一步。
為什麼要把我當成實驗工具！

從上面的實驗中，我們可以看到電壓、電流和電阻都會對彼此造成密切的影響。
博士！

歐姆就是以它為基礎，創造了有關電力性質的數學公式。
竟然能用數學公式來解釋電，真的好厲害喔。
電壓＝電流×電阻

他大概會畢生難忘吧，哈哈哈。
怎麼樣？這下徹底瞭解電力了吧？

1831年｜電磁感應定律

發電的基本原理

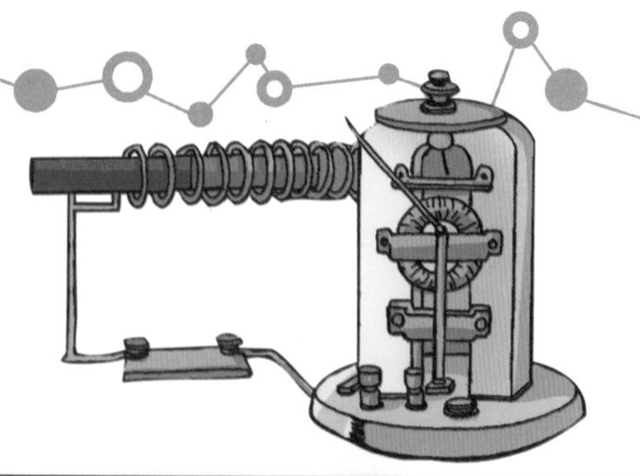

呃，我討厭打掃耶，
要怎麼樣才能偷跑？
有了！寶拉，
電力是怎麼
製造出來的啊？

電力？當然是發電廠
製造出來的啊。
可是，發電的基本原理
是什麼啊？

這個嘛，將其他能源
轉換成電能……
咦？是要怎麼
把其他能源轉換成
電能呢？

這個原理你們之前
有學過。
咦？

不是不久前
才教過你們嗎？
是啊！
可是，那個和發電
有什麼關係呢？
厄斯特定律
安培定則

厄斯特不是發現電流具有磁場嗎？
對。

可是，英國科學家法拉第卻認為恰好相反。
相反？

法拉第在研究厄斯特的實驗時，得到了非常重要的靈感。
果然是電流形成了磁場。

等等！也許剛好相反，說不定是磁場形成了電流？

小朋友，能不能幫我拿檢流計過來？
好！

法拉第立即按照自己的想法，
進行了製造電流的實驗。
通電之後，
檢流計的指針就會動。

檢流計的指針沒有動，
這代表了什麼狀態？
當然是因為
沒有電流啊。

沒錯，
現在一切準備就緒，
來正式進行實驗吧？
好！

磁鐵本來就有磁場，
所以將這個磁鐵
放入線圈中……
萬歲！有電流了！
※萬歲

這就是電磁感應定律。
利用磁鐵的磁場，就能製造電！

電磁感應定律後來促使變壓器、馬達，以及能夠發電的發電機相繼出現。
今天上的課好有趣喔！妳也這麼覺得對吧？

嗯，我也沒想到能夠利用某種原理來製造電呢。
哎呀！時間已經這麼晚了，我要趕快回家吃晚餐了。

作戰成功。
韓宇宙，你該不會以為我忘記自己對你說了什麼吧？

※怒火中燒

立刻拿起吸塵器給我打掃！
是！
宇宙長大以後一定很怕老婆。
웅이이잉

※嘰伊伊伊

讓時間**永遠**
靜止

哇啊，這就是
數位相機啊。
真不錯，可以馬上
確認拍好的照片。
以前不能像這樣
馬上確認嗎？

最近很多人使用
數位相機，但使用底片的
相機也不少。
是喔？

博士，不過底片是
怎麼發明的呢？
底片是在進行
化學實驗時誕生的。

德國科學家舒茲發現，銀化合物對光線十分敏感。
咦？照到陽光後，
顏色變紫色了？

有接觸陽光與
沒有接觸陽光的地方，
顏色會產生什麼差異呢？

啊！只有接觸陽光的
部分變色了！

舒茲的發現激發了全世界發明家的興趣。
它就像扮演了
暗箱的角色。
暗箱？
涅普斯

在暗房的牆壁上打洞，
外面的光線就會通過洞口照進來，
在另一邊的牆上形成倒立的成像。
之前就有人
利用這個原理
來描繪外面的
風景和背景。

用一個小箱子來呈現，
這就叫做暗箱。

假如把塗了這種化合物的
板子放進暗箱裡，
不就能把外面的風景
完整拍下來了嗎？

涅普斯利用這種光的化學作用拍出了照片。
哦哦，成功了！
是啊，我們足足曬了8個小時的太陽。

什麼？照片不是喀嚓一下就拍好了嗎？
嗯，畢竟是第一次嘛。

涅普斯雖然是第一個發明照片的人，卻因為沒有錢而無法發明更多東西。
想發明東西，就需要更多錢……

這時另一位合夥人出現了，就是和他進行相同研究的達蓋爾。
請專心做研究吧，不必再擔心錢的事了。
謝謝你。

但涅普斯卻在研究的過程中去世了。
我會繼續進行你的實驗。
涅普斯

達蓋爾想讓照片變得更加清楚，卻屢次失敗。
這次又失敗了。

在實驗的過程中，他發現只要使用水銀蒸氣，
就可以讓照片清楚成像。
終於成功了！

被稱為「銀版攝影法」的照片沖洗方式
驚豔了全世界。
咦？這不是
畫作耶。
聽說這叫做照片，
是把物品的原貌
呈現在一張紙上。

銀版攝影法的
曝光時間很長，
所以一剛開始
主要是用於拍攝風景。
想到要拍張照片，
必須在相機前面
站好幾個小時，
就覺得太可怕了。

在那之後
照相技術持續進步，
才出現了像現在這樣
可以馬上拍好的照片。

56

1838年 | 細胞學

用顯微鏡發現新世界

哎呀，看我這記性，
但我還以為你們
事先預習了呢。
博士！

你們應該知道「細胞」
是構成所有生物體的
基本單位吧？
當然囉。

虎克發現細胞後，
顯微鏡的技術更加進步，
生物學家也知道了
更多關於細胞的知識。

但是他們卻沒想到，
細胞就是構成生物體的
基本單位。
那麼，他們認為
細胞是什麼呢？

比起研究細胞，生物學家對生物的分類更感興趣。
這是獅子，
那是老虎。

有人批評這種生物學的研究方式，他就是許萊登。
為什麼就只看
生物的外貌呢？
明明有實驗工具
可以觀察生物的內部。
※低吼…

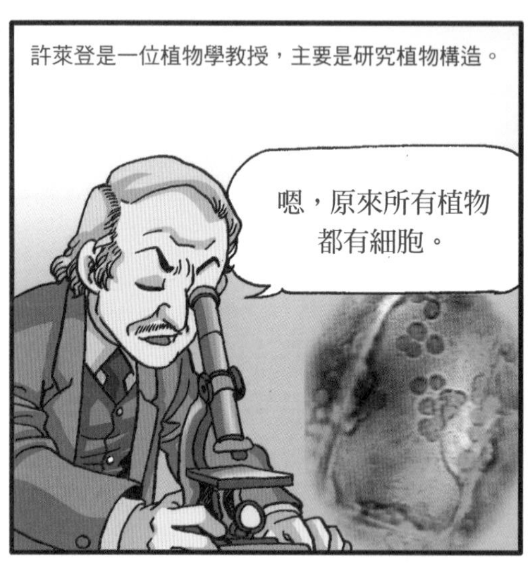
許萊登是一位植物學教授，主要是研究植物構造。
嗯，原來所有植物
都有細胞。

他以研究為基礎，主張
植物細胞說。
植物的細胞是
構成植物生命的
基本單位！
細胞

當時研究動物細胞的科學家許旺，也提出了相似的主張。
構成動物的就是細胞！
沒有細胞的話，
就沒有生命！
細胞

兩人因此變得很親近。
您要看我發現的
動物細胞嗎？
當然好啊。

哦！動物細胞的構造
和植物細胞幾乎
一模一樣啊！

兩人也因此確認了構成所有生物的
基本單位是細胞。
我們把這件事情
告訴學術界吧！
就這麼辦。

兩人的細胞說為科學界帶來了很大的衝擊。
知道細胞的構造後，
也許就能知道
生命的起源。

細胞說就是這樣
促進了「細胞學」
這門新學問的誕生。
細胞……
你在做什麼？

想到我的身體也是由
小小的細胞所結合構成，
就覺得好神奇。
但你的腦袋
應該不是吧？
所以綽號才會是
「單細胞」。

※咬牙

對啦！妳就把我的
單細胞拿走，分點
妳的細胞給我啊！
啊啊啊！對不起！
是我錯了！

57

1840年｜能量守恆定律

發現能量的原理

所以大家就把它稱為
「能量」。
Energy
能量

一般認為，能量會以光、
聲音、熱、動能、電力、
磁力等不同形式出現。
原來如此。

不過，就算能量的型態
改變了，能量的總和
仍然保持不變。
真的嗎？

這就叫做
「能量守恆定律」。
哇，好了不起的
定律喔。
能量
守恆定律

能量守恆定律並不是
一個人研究出來的，
而是綜合數人的意見
才誕生的重要定律。
焦耳
邁爾
亥姆霍茲

*光合作用：綠色植物運用光能，將二氧化碳與水合成有機物的作用。

大自然中的所有能量
都不會消失，而是以彼此
轉換型態的形式存在。
這就是
能量守恆定律。

而且，英國的焦耳在研究電動馬達時，
有了一項重大的發現。
咦？經過長時間運轉之後，
馬達發熱了耶。
馬達變得好燙！
※嗡

只是使用電力，
為什麼會發熱呢？
電力和熱之間
有什麼關係嗎？

經過長久研究之後，
焦耳發現了非常重要的定律。
電流流動時
所產生的熱量，
與電流強度的平方
乘以電阻呈正比
＝焦耳定律

這證明了
熱也是
能量的
一種型態。

亥姆霍茲又進一步做出重大貢獻，確立了能量守恆定律。
就算能量的型態不同，它的量依然會被保存下來，而且所有能量之間都能互相轉換。

舉例來說，我們可以透過動能來產生熱能。

※摩擦生熱

蒸汽機剛好相反，這是透過熱能產生出動能的裝置。

這不僅適用於動能和熱能，也適用於所有能量之間的轉換。
電力⇔熱⇔光⇔聲音⇔動能⇔磁力

有關能量的概念
就這樣奠定了基礎。

能量的概念
也在我的腦袋中
奠定了基礎。
我看你的腦袋
是用石頭或鐵
做成的吧。

妳說什麼？
竟敢小看我！
我可沒有小看你，
你自己想想看。

雖然很難在石頭和鐵上
刻字，但只要刻上去，
就能維持很久。
我的意思是這樣。
※韓字
※鏘鏘

哦，嗯，
是這樣啊。
嘻
嘻

58

1846年｜實施正式外科手術

麻醉帶來手術的自由

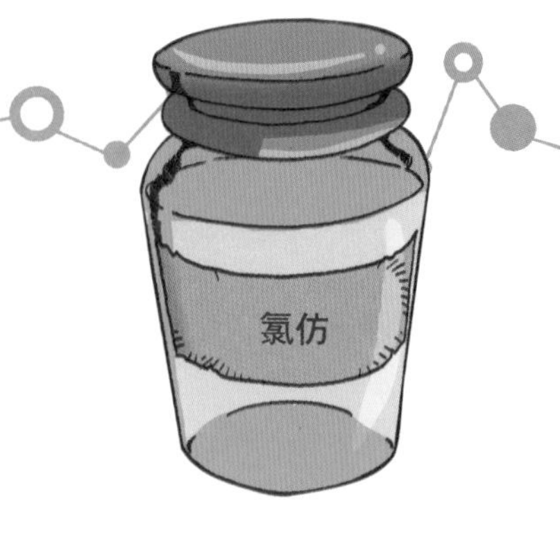

是啊，盲腸手術
也很簡單呢。
話可不是這樣說。
要是宇宙早出生
200年的話，就可能
因為盲腸炎而死。

盲腸炎也會
死人嗎?!
當然。

1800年代以前的
外科手術水準
和現在有很大的不同。
到底是有
多大的不同呢？

因為當時沒有可以
減輕病人痛苦的
麻醉藥。
什麼？

麻醉藥？
那個是
什麼？
???
麻醉藥就是一種讓病人
感覺不到疼痛的藥物。
麻 發麻的麻
醉 喝醉的醉

原來有
這種藥啊。
你動手術時，
不是有打麻醉藥嗎？

啊，那是麻醉藥喔？
我還以為只是想睡覺
而已，嘿嘿……

可是，沒有麻醉藥
就不能動手術嗎？
當然可以動手術，
不過……

啊啊啊！！
很痛嗎？
※捏
꼬집

當然痛啊！
光是這樣捏就很痛了，
你想像一下，用刀劃開
皮膚會有多痛？

呃，光用想的
就覺得好痛。

所以過去只能進行簡單的手術。
呃啊！
內臟好像有
受到損傷，
我卻無能為力。

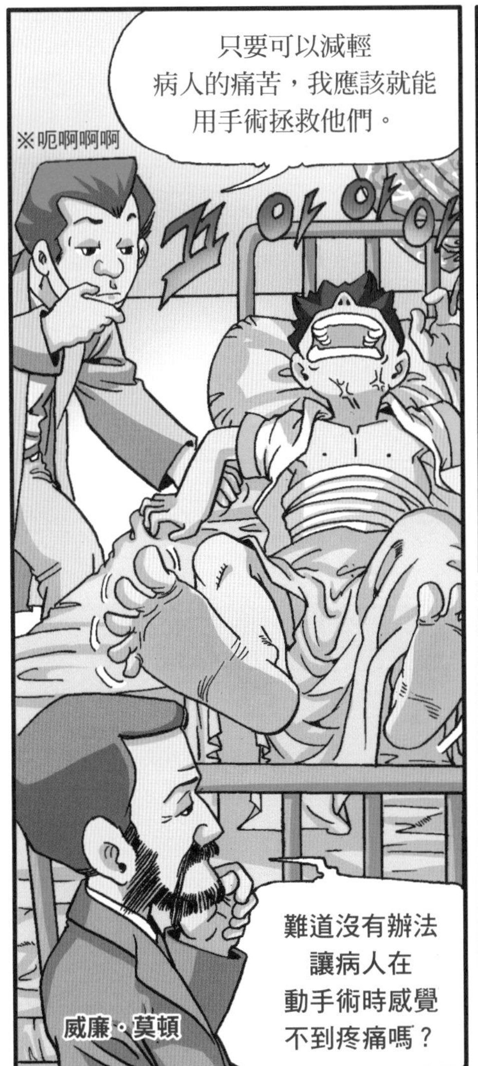
只要可以減輕
病人的痛苦，我應該就能
用手術拯救他們。
※呃啊啊啊
威廉．莫頓
難道沒有辦法
讓病人在
動手術時感覺
不到疼痛嗎？

嘻嘻嘻嘻。
這時，他得知一位牙醫師威爾斯
利用具有麻醉性的氣體，
成功進行了牙科手術。
讓病人吸入
一氧化二氮之後，
好像就不覺得痛了。

※滾來滾去

一氧化二氮具有
麻醉效果，
但是讓他一直笑下去，
動手術時會有很多問題。

※嘻嘻嘻嘻嘻

莫頓為了尋找更有效的麻醉藥，
反覆進行了實驗。
一定有比一氧化二氮
更有效的東西。

後來，他發現了使用乙醚的麻醉法。
醫生，
孩子從樹上掉下來，
受了重傷。
護士，現在立刻
準備動手術！

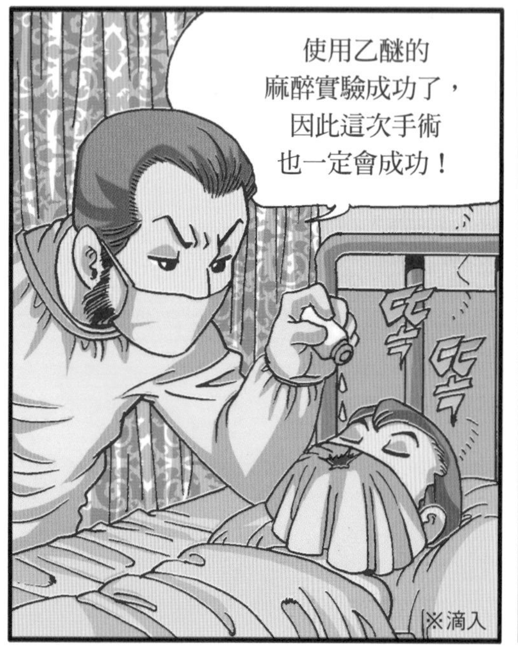
使用乙醚的
麻醉實驗成功了，
因此這次手術
也一定會成功！
※滴入

好，病人麻醉完畢。
給我手術刀！

完成了！

手術很成功。
謝謝您！
真的很感謝您！
手
手
術
術

之後，英國的辛普森發明了
麻醉效果比乙醚更好的藥品。
氯仿

麻醉法的出現，
是為了減少病人因疼痛
而死亡的情況，
外科手術也因此
產生了前所未有的變化。
哇！

假如麻醉藥沒有出現，
或許盲腸炎等簡單手術
也會變得很困難。
呼，出生在現代真好，
萬一我是出生在過去……

※噗嗚

宇宙，
你又怎麼了？
呃！

宇宙，你要放屁之前
先說一聲再放啦！
哈哈哈！放屁就表示
宇宙的身體現在
已經沒事了。

聽到博士這麼說
是很開心，但總覺得
有點丟臉呢，嘿嘿。

※噗噗噗

▼ **史蒂文生** George Stephenson

英國工學家。1814年製作出蒸汽火車
並成功完成試車，
在利物浦與曼徹斯特之間鋪設了鐵路。

▼ **安培** André Marie Ampère

法國物理學家、數學家。
發現安培定則，奠定了電磁學的基礎，
著有《電氣力學實驗報告書》等書。

51

穿過大陸，
使工業革命的
時代奔馳

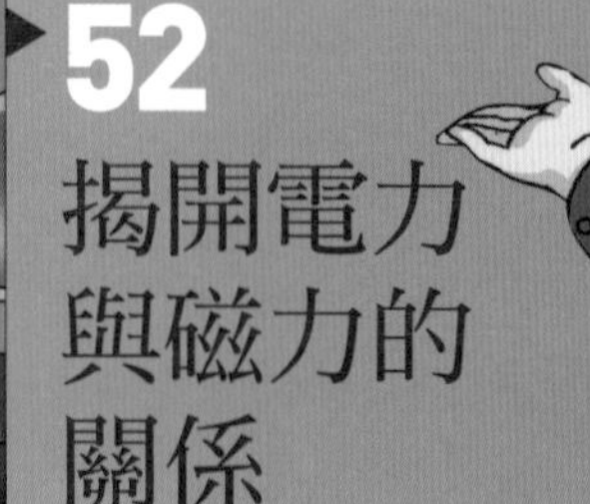

52

揭開電力
與磁力的
關係

1814年
史蒂文生的蒸汽火車

1820年
安培右手定則

改變世界的科學家們 3

1840年
能量守恆定律

1846年
實施正式外科手術

58

麻醉帶來
手術的自由

57

發現能量的
原理

▲ **莫頓** William Thomas Green Morton

英國牙醫師。第一個用乙醚來麻醉
並進行拔牙手術的人。

▲ **邁爾** Julius Robert von Mayer

德國醫生、物理學家。在解釋熱能與動能
關係的論文中，主張宇宙整體的能量守恆，
但當時沒有獲得學術界的認可。

▼**歐姆** Georg Simon Ohm

德國物理學家。建立了歐姆定律，
解釋電流、電壓與電阻之間的關係。
電阻的單位歐姆（Ω）就是以他的名字命名。

▼**法拉第** Michael Faraday

英國物理學家、化學家。
對電磁學和電化學領域有很大的貢獻，
著有《電的實驗研究》等書。

53 關於電流性質的重大發現

1827年
歐姆定律

54 發電的基本原理

1831年
電磁感應定律

1838年
細胞學

1837年
照相技術的誕生

56 用顯微鏡發現新世界

55 讓時間永遠靜止

▲**許萊登** Matthias Jakob Schleiden

德國植物學家，曾擔任塔爾圖大學的教授。
發表《植物的起源》，
主張構成生物體的基本單位是細胞。

▲**達蓋爾** Louis Jacques Mandé Daguerre

法國畫家、照相技術人員，
使涅普斯的日光蝕刻法更加進步，
發明了「銀版攝影法」的獨家照片顯影技術。

1848年｜絕對溫度

設立溫度的標準

為什麼要強調
「好清楚」這三個字？
沒什麼，只是
覺得我沒東西
可以教你們，
有點可惜罷了。

宇宙，在這些基準之中
有一個不太一樣的，
你知道那是什麼嗎？
呃，
那是……

※啪啦啪啦

您說過無論是攝氏或華氏
溫度，都是以水為基準。
沒錯，那麼！

是絕對溫度不一樣！
我不是先說了嗎？

攝氏溫度或華氏溫度
都是以水為基準，
但絕對溫度沒有那種基準。
那它是以什麼
為基準呢？

絕對溫度是以
所有存在的分子
完全不動時為基準，
這叫做絕對零度。
OK＝最低溫度

提出絕對溫度概念的人，
是英國的克耳文男爵。

博士，我知道0K是
絕對零度，但以攝氏來說
是幾度呢？

大約是-273.15℃。
-273.15℃！！

絕對溫度的刻度間隔
和攝氏一模一樣，
所以攝氏0度
就等於273.15
克耳文。
273.15K＝0℃

這個絕對溫度
成了科學實驗的
溫度基準。
竟然可以創造出
絕對零度，
好了不起喔！

不過，靠人類的力量
並無法創造出絕對零度。
什麼？那麼溫度最低
可以到幾度呢？

實驗上達到的最低溫度是
1/1000 克耳文。
但還是很厲害呢，
能讓溫度降到那麼低。

博士，我身邊也有
能讓溫度降到
絕對零度的人。
那是什麼
意思？

您知道寶拉生氣時，
周圍的空氣變得
有多冷嗎？
你說什麼！

宇、宇宙說得
好像沒錯。
博士！

※呼呼呼呼呼

人類是從哪裡來的？

※比手畫腳

看宇宙的動作，
你們好像兄弟喔。
什麼？
我和黑猩猩
怎麼可能是
兄弟！

雖然不可能是兄弟，
不過往前回溯的話，
說不定祖先是一樣的。
這怎麼可能？
大猩猩和人類的祖先
怎麼會一樣呢？

啊，原來是在說
進化論啊！
進化論？
那是什麼？

你不知道達爾文的
進化論嗎？
進化論是某種生物群體
經過長久的歲月後，
進化成新品種的學說。

「種」是林奈分類法中
出現的那個種嗎？
沒錯。

你們知道
人類的學名吧？
科：人科
屬：人屬
種：sapiens
當然囉。

根據生物分類法，
黑猩猩也是屬於人科，
是和人類
很相近的動物。
科：人科
屬：黑猩猩屬
種：黑猩猩

啊！那麼在很久以前，
黑猩猩和人類可能真的有
相同的祖先耶！

是啊，提出這個主張的人，
就是英國的科學家
查爾斯·達爾文。

他搭乘海洋探險船「小獵犬號」
出海，進行生物研究。
啊，這是
馬的化石。

和現在的馬匹大小
相差很多嘛。

大概是經歷
長久的歲月，
馬也發生了
很多變化。
1.6m
馬屬（Equus）
1趾
0.4m
始祖馬
4趾

達爾文以這些經驗為基礎，反覆進行各種生物調查。
這個島嶼
真是神奇啊。

明明是同一種鳥，
但不同島嶼的鳥，
特徵都有點不同！

外貌之所以改變，
會不會是生物為了
在自然環境中生存，
努力改變自己而造成的？

達爾文以研究結果為基礎，提出了一個結論。
居住在地球的
所有生物，
都會為了生存
而持續進化！
物種起源

他的理論對整個社會造成了莫大的衝擊。
你這是在褻瀆神！
你說猴子和人類的
祖先相同，
根本是胡說八道！
聖經

但隨著時間過去，進化論深獲大眾與學者的支持。
我之前一直很好奇，
為什麼人類身上會有
不必要的尾骨。
但是根據進化論，
就可以理解為什麼
人類會有尾骨了。

大自然是很殘酷的，無論是哪一個社會都存在著無窮的競爭。
想要存活下來就勢必要進化，不然就會消失不見。

達爾文的進化論雖然是一種科學理論，但它反而對社會帶來更深遠的影響。
社會？

舉例來說，父母一直要你們讀書，也許就是其中之一。
生存競爭

不想落後別人，就要用功讀書。
好像真的是這樣。
對啊。

原來人生是一連串的進化啊。
是啊，從猴子進化成人類的宇宙……

妳說什麼！
ㄌㄩㄝ

61

1859年 | 發明冷凍方法

出現**前所未有**的**保存**方法

以前的人當然也可以
在夏天吃到冰啦。
真的嗎？

古人發揮了智慧，
把冬天製作的冰塊
儲存在地下或洞窟裡。
那種地方的溫度
應該很低吧？

是啊，因為洞窟或地下
經常維持相同的溫度，
最適合用來當作
儲存冰塊的倉庫。

但只有上流社會的人
才能在夏天吃到冰。
那麼，一般人
要到什麼時候
才能在夏天
吃到冰呢？

是從1859年，澳洲有個叫做
詹姆斯．哈里森的人
利用蒸汽機製作出冷凍機開始。
不過，冷凍機是
利用什麼原理
來使冰塊結凍呢？

是把「熱」從想要
冷凍的物品上強制帶走，
使其釋放出熱氣。
把熱強制
帶走？

夏天很熱時，在地面上
灑水會怎麼樣？
灑水的地方
會給人一種
涼爽的感覺。

這是因為
水氣蒸發的同時，
帶走了那個地方的
熱氣，才會變涼爽。
熱氣
熱氣
熱氣
熱氣

這種方法叫做自然冷凍法，
是在短時間之內
維持低溫的方法。
自然冷凍法

還有一種機器冷凍法，
是經常用於冷氣或
冷凍庫的方法。
機器冷凍法

*冷媒：為了帶走熱氣所使用的化學物質。

62

1864年｜電磁波理論

兩種不同的東西合而為一

卡文迪什！
沒錯，馬克士威就是把隱藏百年的卡文迪什的理論公諸於世的人。

不過，馬克士威最大的成就是提出電磁波理論。
電磁波理論？

電磁波又稱為電磁輻射。
咦？是把電力和磁力合起來的意思嗎？

沒錯，電磁波是由電場與磁場交互作用所產生的一種波動。
電場+磁場
=電磁波

知道法拉第確認了電與磁兩者之間有密切的關係嗎？
知道。

也就是說，馬克士威做了很前衛的事情，他將電和磁的研究結合為電磁場。
法拉第定律
庫侖定律
安培定則

$\vec{\nabla}\times\vec{H}=\vec{J}+\frac{\partial\vec{D}}{\partial t}$ 安培定則
$\vec{\nabla}\times\vec{E}=-\frac{\partial\vec{B}}{\partial t}$ 法拉第定律
$\vec{\nabla}\cdot\vec{D}=\rho$ 高斯定律
$\vec{\nabla}\cdot\vec{B}=0$ 高斯定律
$\vec{D}=\varepsilon\vec{E}$
$\vec{B}=\mu\vec{H}$
ε 是電容率，
μ 是磁導率。
我把它們結合起來，用4個簡單的方程式來表現。
我覺得看起來好難。

這樣你們知道我有多天才了吧？
感覺和博士好像……

不要這樣就感到驚訝，
我利用這些公式計算電磁波的速率，結果！
※轉身

我發現和光速一模一樣。
什麼？!

那不就代表電磁波是一種光嗎？
是啊。

所以揭開了光學是電磁學的其中一個領域。

馬克士威的理論讓科學界大受衝擊。
這、這是跨時代的理論。
奇怪，我看不懂這個理論。

但沒有實驗結果能證實他的理論，所以他的理論被科學界漠視了。
這連理論都稱不上，只是浪費時間。
※丟

馬克士威過世9年後，他的理論才被證明是正確的。
我的實驗證實了電磁波的存在。
赫茲

此外，馬克士威的理論
也促使我的狹義相對論
出現。
真的嗎？!

他對博士也有影響，
真的是一位
很了不起的人呢。
可以說，他的理論
開啟了新時代。

嗯？
不過，我還是覺得
博士最厲害。

哇哈哈，
這樣啊。
因為這個世界上
大概沒人會想教
天下第一的大笨蛋
這麼多啊！

妳是在說誰？
你不必知道。
哇哈哈。

63

1865年｜孟德爾遺傳定律

為什麼腳趾會相似？

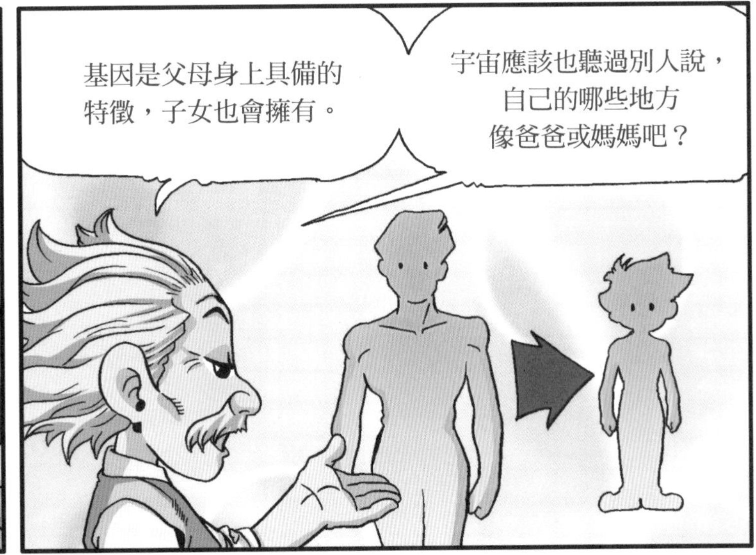

孟德爾對達爾文的進化論懷有濃厚的興趣。

所以他開始進行實驗，讓豌豆互相交配。
豌豆很適合拿來做研究嗎？
豌豆無論是豆子的形狀或花朵的顏色等等，各方面都很容易區分，是很好的研究對象。

豌豆的種子有圓形和皺皮2種，我只讓圓形的豌豆互相進行交配。

會出現什麼型態的種子呢？
※摘下

哦！豌豆的種子是皺皮的耶！
什麼，這究竟是怎麼一回事！

讓圓形豌豆的種子互相交配，怎麼會出現皺皮的種子呢？

圓形的豌豆更多呢。
咦？圓形的豌豆比較多？真的耶。

為什麼會發生
這種現象呢？

孟德爾不斷進行豌豆交配
實驗，並發現了幾個事實。
皺皮豌豆互相交配時，
只會出現皺皮豌豆。
皺皮
豌豆
皺皮
豌豆

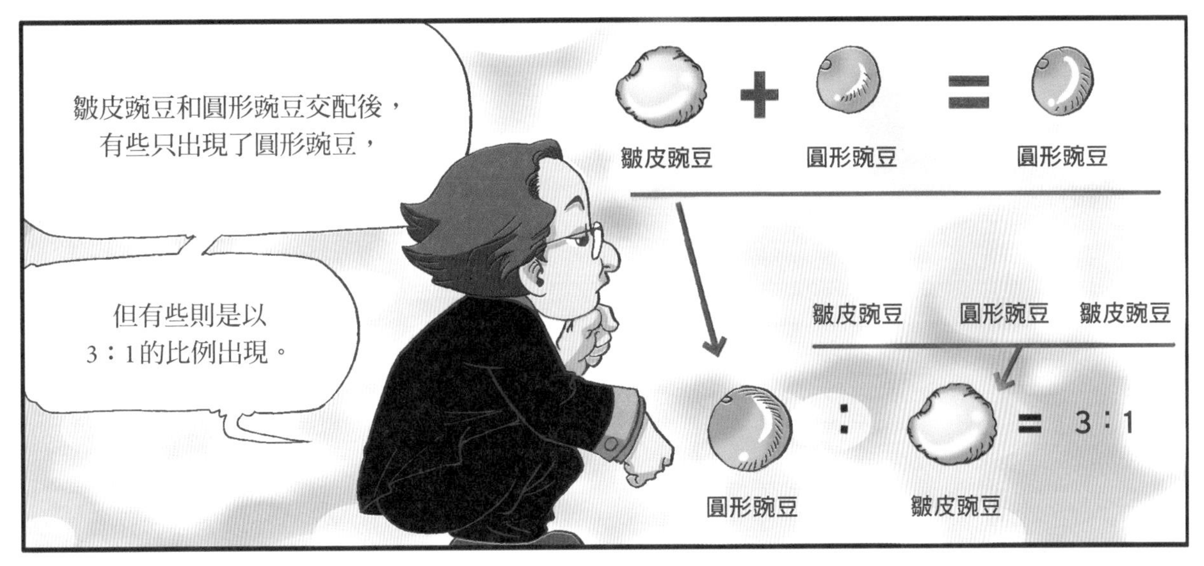
皺皮豌豆和圓形豌豆交配後，
有些只出現了圓形豌豆，
但有些則是以
3：1的比例出現。
皺皮豌豆
圓形豌豆
圓形豌豆
皺皮豌豆
圓形豌豆
皺皮豌豆
3：1
圓形豌豆
皺皮豌豆

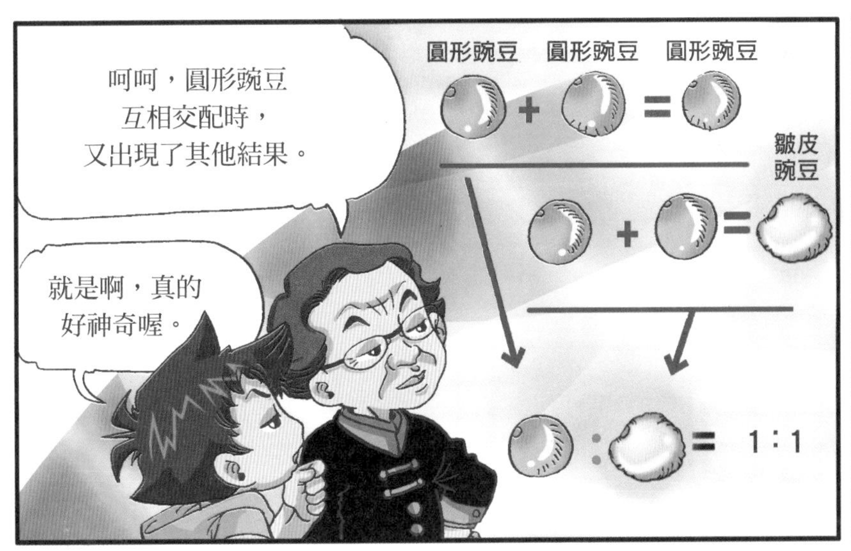
呵呵，圓形豌豆
互相交配時，
又出現了其他結果。
就是啊，真的
好神奇喔。
圓形豌豆
圓形豌豆
圓形豌豆
皺皮
豌豆
1：1

與其說神奇，
不如說豌豆
也有定律。
定律？

就目前的結果來看，
可以導出一個定律。

假設A是讓圓形豌豆出現的基因，
a是讓皺皮豌豆出現的基因，
這就叫做「分離定律」。
分離定律
A：圓形豌豆的基因
a：皺皮豌豆的基因

大概扮演父母角色的豌豆
都具有這種型態的基因。
AA, Aa, aa

而且它們會把自己身上的
一個基因給子女。
A a A A
子女 子女 子女 子女
a a
子女 子女

擁有AA基因的豌豆
就不必說了，
一定是出現圓形豌豆。
當然囉。
AA=圓形豌豆
aa=皺皮豌豆
相反的，如果是
aa的話，
就會出現
皺皮豌豆。

那Aa會出現什麼
型態的豌豆呢？
皺皮豌豆？
Aa

沒有半顆是皺皮豌豆。
什麼！

為什麼會
這樣想呢？
我覺得會出現
圓形豌豆。

進行皺皮豌豆和
圓形豌豆的交配實驗時，
有些只出現了圓形豌豆，
有些則是圓形豌豆和
皺皮豌豆以相同的比例
出現啊。
皺皮豌豆＋圓形豌豆
＝圓形豌豆
皺皮豌豆＋圓形豌豆
＝皺皮豌豆
圓形豌豆：皺皮豌豆
1：1

假設Aa是皺皮豌豆，
應該不會出現
那種實驗結果。
哈哈哈，
說對了。
Aa

就像A和a，當不同特徵融合時
便會出現A，也就是圓形豌豆，
這就叫做「顯性原則」。
顯性原則
Aa：圓形豌豆

哈哈！A是顯性，
a是隱性對吧？
沒錯。
我過去所做的
實驗結果，可以像這樣
用數學式子來解釋。
圓形豌豆 圓形豌豆 皺皮豌豆
AA Aa aa
AA＋AA＝AA 圓形豌豆
Aa＋Aa＝AA1 Aa1 圓形豌豆
Aa＋Aa＝AA1 Aa2：aa1
圓形豌豆3：皺皮豌豆1
AA＋aa＝Aa 圓形豌豆
aa＋aa＝aa 皺皮豌豆

孟德爾定律的發現，
是引發大家對基因工程
產生興趣的重要契機。
世界上真是
無奇不有呢。

觸目所及之處充滿了
令人好奇的事物，
學習之後，
又會有全新的感受。

我也是
這麼認為。
我也是。

64

1866年｜矽藻土炸藥的出現

歐洲首富留下的遺產

啊，博士您也得過諾貝爾物理學獎對吧？
唉，博士樣樣都好，就是太愛炫耀……
當然！我這個天才科學家沒拿到科學界的最大獎項「諾貝爾獎」，怎麼說得過去呢？

※猛然轉身

可是，諾貝爾是做什麼的啊？他用自己的名字設立獎項嗎？
這也不知道？講到諾貝爾就想到矽藻土炸藥，講到矽藻土炸藥就想到諾貝爾獎！
벌떡

矽藻土炸藥？炸彈？哎呀！他是製造危險物品的人耶！
大家很容易這麼想，不過當時諾貝爾可是竭盡全力想幫助人們。

在說矽藻土炸藥之前，我得先說說硝化甘油。

硝化甘油是一種液體，只要一不小心就很容易引起爆炸。
隧道內側有大石頭，很難再往前挖。
喂！把硝化甘油拿來！

呃，只要一不小心
就會爆炸耶……
※小心翼翼
硝化甘油

哇啊啊！
瓶、瓶子！
硝化甘油

※轟隆
※砰

※嗚嗚嗚嗚
沒事吧？
呃！
要是繼續使用這麼
不穩定的液體，
就會有更多人傷亡。

※轟

※咚

儘管如此，諾貝爾仍不斷進行研究。

我不想再看到有人因為硝化甘油而犧牲。

※啪

※轟轟轟

諾貝爾發明的矽藻土炸藥被廣泛運用於工業領域，這讓他坐擁無數財富。

哈哈哈，可以救人，
又能成為歐洲首富！
真是一石二鳥！

然而事與願違，矽藻土炸藥被當成武器用於戰場上。
※呃啊啊
※轟轟轟

我是因為怕有人受傷
才製造矽藻土炸藥，
怎麼會被用在
戰場上呢?!
※捏皺

救人的東西反而被當成
戰爭武器來使用，
真是太過分了。
也許這就是諾貝爾
用自己的名字設立
諾貝爾獎的原因。

這是什麼
意思？
就像寶拉所說的，
諾貝爾獎是頒給對人類
有貢獻的人。

人類因為諾貝爾的發明而遭殃，
所以他想為此贖罪。
其中也包含了這層意義：
不要把為了人類創造的發明
或發現用在不好的地方上。
原來如此。

65

1867年｜製造混凝土

撰寫**建設**的新歷史

那麼，混凝土是
什麼時候發明的呢？
這個我也
不太清楚耶。

這時候……
果然還是得請教
博士吧？

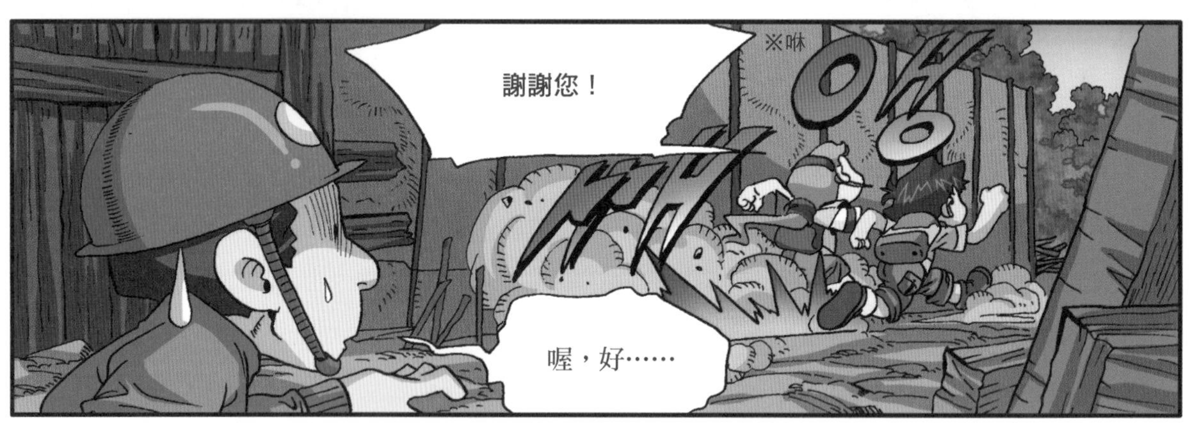
謝謝您！
※咻
喔，好……

在說明混凝土之前，
我要先從主原料
「水泥」的出現說起。

水泥是在1824年，由英國的
泥瓦匠約瑟·阿斯普丁
所發明的。

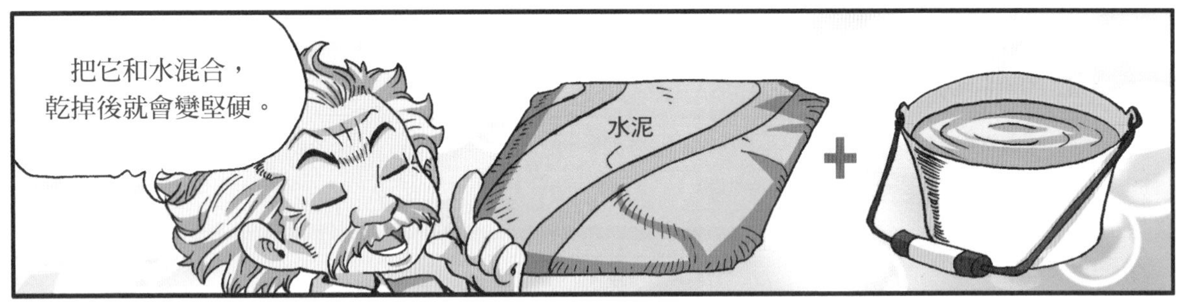

最早的混凝土是1867年，由法國的莫尼葉所發明的。

※哐啷

我不小心打破花盆了，
哈哈哈。
好可惜，
花盆太容易
破掉了。

就是啊，要是有不會
破掉的花盆
就好啦。
叔叔，您可以
試著做做看呀。

啊！這主意
不錯耶。

莫尼葉很努力想要製作出不會破的花盆，卻屢屢失敗。
唉！這次又失敗了。
※哐啷

有沒有什麼
好辦法呢？

啊！用網子製作骨架，
將花盆的周圍
包起來呢？

然後在這上面塗抹
混凝土！

用這種方法做出來的花盆，是最早使用
鋼筋混凝土製作的東西。
哇！
沒有破掉！
※咚咚

人們開始將莫尼葉的點子應用在建造橋梁、水庫和鋪路。

鋼筋混凝土的發明，
使人類能靠自己的力量
抵擋洪水或乾旱等自然災害。

而且它也被應用在建築上，
使建築物能夠建造得
更加穩固。
真的好厲害。

厲害的是你。
咦？

你不記得啦？上次
跌倒時，你不是一頭
撞上混凝土磚塊嗎？
※砰
喔，對耶。

可是你的頭好好的，
磚塊卻整個裂開了。
是、是啊。

這不就代表
你有顆石頭腦袋嗎？
對……
什麼？!

66

1869年｜元素週期表

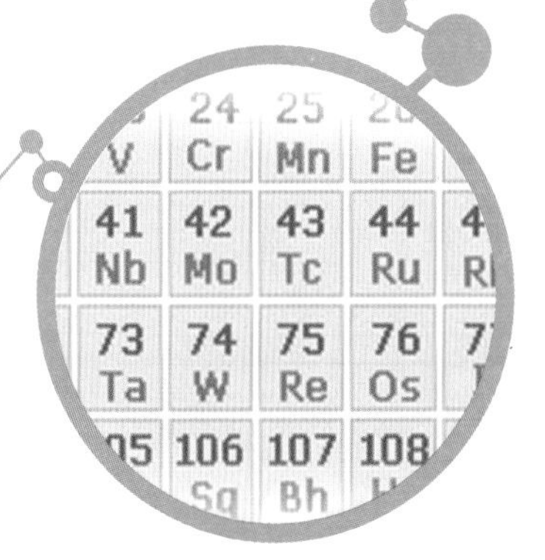

讓**元素**有各自的**地址**

我什麼時候說是家了？
我是說地址。
那還不是一樣，
只要有地址，
當然就有家啊！

原來如此，所以宇宙才會
問起元素週期表的
事情啊。

元素週期表是能夠
輕鬆區分元素的
排列表。
這就是地址嗎？
26 Fe 27 Co 28 Ni 29 Cu 30 Zn 31 Ga 32 Ge 33 As 34 Se
43 Tc 44 Ru 45 Rh 46 Pd 47 Ag 48 Cd 49 In 50 Sn 51 Sb 52 Te
76 Os 78 Pt 79 Au 80 Hg 81 Tl 82 Pb 83 Bi
107 108 110 Ds 111 Rg 112 Uub 113 Uut 114 Uuq

宇宙認為地址是什麼？
嗯，我住的
地方。

有人想寫信給你時，
只要寫上你的姓名，
信就會到你手中嗎？
不會。
哦，所以才需要
地址啊。
給宇宙
阿姨筆

？
？
還有，編排地址時
如果具有規則，
郵差叔叔送信時
就會輕鬆許多吧？
如果地址
隨便編排的話，
那就會產生很多
不方便的地方耶。

元素也一樣。
因為具有規則，
所以能根據它來排列。
這就是
元素週期表。
哦，
原來如此。

果然經過
博士的說明之後，
宇宙一下子就懂了。
這是當然的啊，
哇哈哈。

進入近代之後，
科學家發現了許多元素。
氧
氫
氮
鈉
碳

科學家認為
這些元素具有共同性，
所以很努力想要找出來。

在這個過程中，找出元素
共同性的人，就是俄羅斯的
科學家門得列夫。
這個解答就是
「原子量」。

*原子量是
什麼？
嗯，如果按照
原子量去排列原子，
便會出現週期性。

*原子量：原子的相對質量。

經過計算之後，
會出現固定的規則。
1. 將原子按照原子量去排列時，它們的性質會出現
明確的週期性。
2. 擁有相似性質的元素會擁有相似的原子量，且原
子量的增加呈現規律性，換句話說，它們會在元
素週期表的同一行或同一列。
3. 元素週期表的同一行，元素的結合力，也就是原
子價一致。
⋮

最後出現的就是
這張元素週期表。
weight 1 H valence 1
weight40 Ca valence 2
weight 7 Li valence 1
weight 9 Be valence 2
weight 11 B valence 3
weight 12 C valence 4
weight 14 N valence 3
weight 16 O valence 2
weight 19 F valence 1
weight 23 Na valence 1
weight 24 Mg valence 2
weight 27 Al valence 3
weight 28 Si valence 4
weight 31 P valence 3
weight 32 S valence 2
weight 35 Cl valence 1

門得列夫的元素週期表
成了近代化學最基本的架構。
原來如此。

因為陸續發現無數的元素，
所以現在的元素週期表改變了許多。
Sc Ti V 24 Cr 25 Mn 26 Fe Co
40 Zr 41 Nb 42 Mo 43 Tc 44 Ru 45 Rh
72 Hf 73 Ta 74 W 75 Re 76 Os 77 Ir
105 Db 106 Sg 107 Bh 108 Hs Mt

但假如沒有門得列夫的
元素週期表，
也許就不會那麼容易
發現無數的元素。
哇！不愧是
博士。

明天我要
一字不漏地
告訴同學。
最近他把博士說的知識
一字不漏地告訴同學，
還一副神氣的樣子。

67

1876年 | 發明電話

跨越**距離**的限制進行**對話**

※轉頭

搞什麼！為什麼
每次都排除我！！
你是天才，
應該都懂啊。

對，我是天才，
所以不需要聽
博士講話！哼！

只好由不懂的我
來發問了，對吧？
是啊！
끄덕
끄덕

※哧　　※點頭

點燃
烽火！

但是，使用烽火
和旗幟等傳遞訊號，
會有時間上的限制。
슬금
슬금
슬금

※偷偷摸摸

電報機是什麼？
所謂的電報機是
利用電來發送
約定訊號的機器。

發明電報機的人是美國的畫家薩繆爾．摩斯。
這是利用電力
把電磁鐵移除、
貼上的裝置。
真是了不起的
裝置啊。

只要接上電，無論在哪裡
都可以移除與貼上。
無論在哪裡嗎？
這表示只要接上電，
就算在很遠的地方
也沒問題。

那麼，這不就代表
靠它傳送什麼訊號
都可以囉？

摩斯以自己的想法為基礎，開始製作通訊設備。
萬歲！成功了。
可是，要怎麼靠這個
進行通訊呢？

※答答 ※嘟嘟嘟

字母	符號	字母	符號	字母	符號
A	·–	J	·–––	S	···
B	–···	K	–·–	T	–
C	–·–·	L	·–··	U	··–
D	–··	M	––	V	···–
E	·	N	–·	W	·––
F	··–·	O	–––	X	–··–
G	––·	P	·––·	Y	–·––
H	····	Q	––·–	Z	––··
I	··	R	·–·		

在這個過程中，
通訊工具有了
劃時代的改變。
那是什麼？
你不是
都懂嗎？

就是你們也很
熟悉的電話。
※嘻
哇！
原來電話是
這時出現的啊！

摩斯發明電報機後，
大家對新通訊工具的
興趣提升了。

德國的科學家雷斯就利用
電流的強弱，成功完成了
將電流訊號轉換成聲音的實驗。

在他進行實驗之後，大家都紛紛投入
發明電話的行列。
想像一下在這裡聽到
遠處的人的聲音。
要是可以辦到，
大家也許會嚇到
暈過去呢，哈哈。
亞歷山大・格拉漢姆・貝爾

經過長時間的研究，貝爾成功地讓聲波
轉換成電流訊號。
助理，有急事，
快點過來！
咦？我好像聽到
博士的聲音耶！
두리번

※東張西望

博士，
您叫我嗎？
呀呼！
終於成功啦！

※哐啷

真的是
好偉大的發明喔。
不過，你們知道
發明電話的人，
本來可能是別人嗎？

發明人是別人？
假如貝爾晚2個小時
去申請專利的話，
電話的發明人
就不是貝爾，
而是叫做格雷的人了。

喔喔！的確有可能耶。

博士說的話
果然句句是
金玉良言。
嘻嘻
你在做什麼？

嗯，專利必須趕快
申請才行……
??

沒問題。
博士，請再多說點
有趣的科學史！

真的嗎？
哇！

怎麼這樣～～!!
下一冊就告訴你們。

下一冊會有更趣味盎然、
更好玩有趣的科學史喔！
請拭目以待。
好！
第三冊待續！

改變世界的科學家們 4

▼ 克耳文 Baron Kelvin

英國物理學家、數學家，本名為威廉・湯姆森。提出絕對溫度（K）的概念，並建立電子振盪的基礎理論，還製作了各種電位計。

59 設立溫度的標準

1848 年
絕對溫度

▼ 達爾文 Charles Robert Darwin

英國生物學家。主張生物進化論，發表新物種源於自然選擇的「物競天擇說」，著有《物種起源》。

60 人類是從哪裡來的？

1859 年
達爾文的進化論

1867 年
製造混凝土

65 撰寫建設的新歷史

1869 年
元素週期表

66 讓元素有各自的地址

▲ 門得列夫 Dmitry Ivanovich Mendeleev

俄羅斯化學家。提出元素週期表，甚至預測了當時尚未被發現的元素的存在與特性，著有《化學原理》。

1876 年
發明電話

67 跨越距離的限制進行對話

▲ 貝爾 Alexander Graham Bell

出生於英國的美籍科學家。發明磁石式電話機並取得專利，把發明電話所得的基金用來成立沃爾特實驗室，為聾啞人士的教育盡一份心力。

▼**馬克士威** James Clerk Maxwell

英國物理學家。導出電磁場的基礎方程式「馬克士威方程式」，建立了電磁波的理論基礎，著有《電磁學》等書。

61 出現前所未有的保存方法

1859年
發明冷凍方法

62 兩種不同的東西合而為一

1864年
電磁波理論

1866年
矽藻土炸藥的出現

1865年
孟德爾遺傳定律

63 為什麼腳趾會相似？

64 歐洲首富留下的遺產

▲**諾貝爾** Alfred Bernhard Nobel

瑞典發明家、化學家，發明了矽藻土炸藥。
後來人們根據他期盼科學進步與世界和平的遺言，
以他的遺產為基金，設立了諾貝爾獎。

▲**孟德爾** Gregor Johann Mendel

奧地利遺傳學家、神職人員。
透過讓豌豆進行交配的實驗，揭開了遺傳定律，
著有《植物雜交試驗》。

出發吧！科學冒險2

從工業革命到發明電話的近代科學史

2020年12月1日初版第一刷發行

作　者　金泰寬、林亨旭
繪　者　文平潤
監　修　鄭聖憲（韓國科學教師會會長）
譯　者　簡郁璇
副主編　陳正芳
美術編輯　黃瀞瑢
發行人　南部裕
發行所　台灣東販股份有限公司
＜地址＞台北市南京東路4段130號2F-1
＜電話＞（02）2577-8878
＜傳真＞（02）2577-8896
＜網址＞http://www.tohan.com.tw
郵撥帳號　1405049-4
法律顧問　蕭雄淋律師
總經銷　聯合發行股份有限公司
＜電話＞（02）2917-8022

國家圖書館出版品預行編目（CIP）資料

出發吧！科學冒險. 2：從工業革命到發明電話的近代科學史 / 金泰寬, 林亨旭撰文；文平潤繪圖；簡郁璇譯. -- 初版. -- 臺北市：臺灣東販, 2020.12
200面；18.8×25.7公分
譯自：과학사 100장면. 2 : 증기 기관의 탄생부터 전화의 발명
ISBN 978-986-511-518-0（平裝）

1.科學 2.歷史 3.漫畫 4.通俗作品

307.9　　109016143